ウェブで儲ける人と損する人の法則

中川淳一郎
Nakagawa Junichiro

ベスト新書
299

目次

第二章　クリックされない情報は無価値

第三章　ネットニュースはこう作られる

第四章　間違いだらけの企業の情報発信

第五章　テレビと出版社はネットと相性が良い

第六章　ネットとの幸せな付き合い方

はじめに

ネットの仕事をしていると、歯がゆい思いをすることだらけですよ。だって、ネットが一般的に普及してから15年以上経っているというのに、皆さん使い方がなっていないこと、なっていないこと！　そろそろネットでも儲けてくださいよ！

というわけで、ネットで儲ける法則ってものをちょっくら考えてみませんか。あとは「だからあなたはネットでうまくいかないのだ」を個人と企業にお伝えしていきます！　というのが本書の趣旨です。

ところで、世の中、ツイッターだのｉＰｈｏｎｅだのｉＰａｄだのいろいろと新しいネット関連ツールが登場したらそれを持ち上げては「革命です！」「世界が変わります！」「あなたの人生バラ色です！」「皆があなたの会社のファンになります！」みたいな話になりがちですね。

とはいっても、そんな夢みたいな話があるものなのだろうか？

人生なんてものは、絶望の連続であり、それは、「ツールを使えばどうにかなる」という類のものではない。あくまでも重要なのは「個人の能力」。これに尽きるのである。

1990年代中盤以降、ネット関連情報は常に注目されてきたが、ジャーナリストもメディアも、IT関連企業は夢ばかり煽《あお》り続けてきた。過酷なPV（ページビュー＝アクセス数）稼ぎのド現場・ニュースサイトの編集者である私は、ネットに対して「現実を見ろ！」とこれまで一貫して言い続けてきたが、結局その界隈の人々はなぜか「現実」を直視せず、良いことばかり主張している。

それにテレビも雑誌も新聞も乗ってはネットを礼賛し、ネットでは続々と新しい「何か」が生まれる。

だが、その背景には、参入障壁の低さがある。だからこそ、大したものでもないものが多いのにもかかわらず「新しい」というだけでネットを礼賛する風潮が存在し、古いものは「なかったこと」にされ、その礼賛者は「わっわっ、すごいね、こんなこと知ってるんだね！」とまたもやネットに関する知識が乏《とぼ》しい人々から尊敬される。1990年代後半からお約束のようにネット界隈で続く、「デジャブ感100％」の夢にあふれた無限ループである。

この状態はもはや変えようもない。だったら私はこれまでの「現状を報告する」というスタンスから一歩進み、超現実的なネットの活用方法を提案したい。

本書では「個人」と「企業」がいかにネットを使うと幸せになるかを語る。そして、ネット上の話題のかなりの部分を作るきっかけとなる「ネットニュース」について語る。また、ネットを目の敵にしているとも思われるテレビ、出版社によるネット活用の案も提示する。これを押さえておけば、多くの人がネットと上手に付き合うことができることだろう。

2010年段階で最も熱く語られ、このビッグウェーブに乗り遅れてはまずい！　と各所でいわれ、雑誌が特集を組んだり関連書籍が続々と出たりしているのが「ソーシャルメディア」。

意味としては、週刊ダイヤモンド2010年7月17日号の「ツイッターマーケティング入門」という特集によると、「消費者同士がつながり合い、マスメディアを通さずに情報をやりとりする」となっているが、ここまで大層なものではない。基本は何も変わっていない。インターネットはもともとソーシャルメディアだった。

いろいろな定義はあるものの、私なりの定義をすると、ソーシャルメディアの正体とは、

ネットにつなげる環境にあれば、誰でも書き込みができること

これに尽きるのだ。

過去、自分の意見を表明するにはマスメディアに取り上げられるか、罵倒《ばとう》される覚悟をもって、さらに警察の許可を取って街頭で演説をするしかなかった。それが現在はちょっとネットにアクセスし、ツイッターやブログ、各サイトにログインし、意見を書けばいいだけである。これは確かに革命的である。

だが、どうもメディアやITライターが煽るほどの「革命」にも「衝撃」にもなっていない。それは「バカがどう使おうがバカはバカのまま」「賢い人でさえも、使い方がなっていない」からにほかならない。

これまで私は『ウェブはバカと暇人のもの』（光文社新書）をはじめとした書籍、各種取材、自分のブログで、ネットの可能性を純粋に信じ過度な煽りをする人々に「お前ら、本気でそんなことを言ってるのか？」と疑問を呈《てい》し続けてきた。それに対し、「中川はネ

ットが嫌い」「中川はネットのことが分かっていない」「中川は既存メディア出身だからネットを悪く言いたい」などの批判を浴びたが、私はネットがあるおかげで、おまんまを食わせてもらっているのである。だからこそ、批判的なわけがない。

私が形の上でここまで怒っている人を演じるのは、ネットのすごさを煽り、成功ケーススタディを提示しては「ねっ、ネットを使えばこんな幸せになるんですよ！」と夢を押しつけたり、「これから企業はネットでブランディングをしなくてはライバルに勝てません！」「出版社は全面的に電子書籍化しなくては生き残れません！」「新聞社は課金ビジネスに移行すべきです。なぜならアメリカはそうなっているからです！」と、ことさらに不安を煽る人々の存在があるからである。

そうしたITライターやIT業界関係者の発言に不安を感じ、ネットのことを分かっていないにもかかわらず無駄な施策を打ち続けてきた企業の人々は、本当にかわいそうな存在である。一般人の中にも、ネットを使えば途端に自分が人気者になり、仲間が増えるかのような錯覚を覚える人もいることだろう。

だが、ネットのド現場にいる「IT小作農」の私からすれば、「そんなに甘いもんじゃねぇよ」と鼻で笑いたくなる。

「だったらお前はどうすればネットをうまく活用できると考えているのか?」という声もあるので、今回、私はそこを書く。

ソーシャルメディアがもてはやされている今、その重要性は分かっている。だが残念ながらごくごく普通の人間がソーシャルメディアを使ったからといって、夢や奇跡はめったに起こらないし、儲かるわけでもない。過度な期待は禁物だ。だったら、個人がソーシャルメディアを活用するにはどうするべきか。

そして、企業はソーシャルメディアとどう接していけば良いかを書く。企業が求めるものはこれだ。「良い評判を得て、商品が売れてほしい。ブランドを好きになってほしい」である。そして、そこに至るためには「ネットユーザーが自分の会社や商品についてネット上で取り上げること」が必要であると説く。

だったら、ソーシャルメディアで商品が人々の口の端にのぼるにはどうすれば良いか。その解は単純で、ネットニュースに載ることと、自社サイトの充実である。

ソーシャルメディアをいかに使うか、ソーシャルメディアを使う人々といかに仲良くするか。これらについて書かれた書籍やブログ、ネット上の記事は多数ある。だが、ネットニュースというネット上の「マス媒体」の編集者である私からすると、これらはちゃんちゃらおかしい。まず、これらの意見の多くは「いかにしてユーザーに書かせるか」といった、あたかもネットユーザーを「情報を拡散する機械」のように扱っている点で、考え方が間違っている。

それと、ソーシャルメディアに直接働きかけるより、ネットニュースという「マス」を押さえ、そこからソーシャルメディアに波及させることのほうがよっぽど効果が高いし、実際のところネットで話題になっていることはネットニュースが起点になっていることが多いのである。

だったら、ソーシャルメディアを使いこなしたい企業が必要なものとは何か。

①ネット文脈の理解
②PR活動のセンス

この2点だ。これらが一体何なのかについては本書でおいおい語っていくが、この二つのキーワードを覚えておいてほしい。

また、本書の基本的なネットに対するスタンスは以下のとおり。いずれも、あまりにも簡単すぎる「人間の本能」である。

人は、面白いものをクリックする
人は、面白いものを広げる
人は、自分が得する情報を収集する（自分が得するサイトを閲覧する）

そして、結局人々はテレビのネタ、芸能ネタ、スポーツネタが「高尚」なネタよりも好きなのである。

まあ、人々がネットという息抜き&暇つぶし&必要な情報収集の場所で高尚なことばかりを話していたら、それはそれで息が詰まる。

人々は今現在、ネットを実に素直に使っているといえよう。

だが、ネットを過度に持ち上げる人々によって、

「オレはネットを使えば本当はもっと素晴らしい人生を得られるはずなのに……」

「ネットを使ってわが社のファンを増やしたいですなぁ、ガハハ」

「ソーシャルメディアを使いこなさなくては、21世紀、生き残れません！」

「クラウドコンピューティングを導入しないとわが社は時代遅れになってしまう……」

このような極端な考えを持つに至ってしまった人々がいる。

だからこそ今、私は言いたい。「あんまり焦らないでくれよ。今まであなたが生きてきた中での判断能力と常識で、ネットの世界でもうまくやっていけるぜ。うまく使いこなせて幸せになれるよ」と。

本書はそんなことへの手引書である。

いろいろと分かってきたのだが、ネットを礼賛する人々は、結局は芸能記者と同じなのである。テレビ誌や芸能情報雑誌、テレビのワイドショーは、芸能事務所とのずぶずぶの関係があるため、提灯《ちょうちん》記事しか出せず、ヨイショしかできない。批判をしたりスキャンダルをすっぱ抜こうものなら、出入り禁止処分をくらって取材ができなくなるし、レポーターやライターは業界から仕事を干される。だから良いことばかり書くのだ。

同様のしがらみがＩＴ業界にもあるのである。ＩＴ系のニュースはポジティブなものばかりだし、刊行される書籍も「ネット万歳！　ネットが世界を変えます！　ネットは革命を起こします！」的なものだらけなのである。

ほとんどのマーケティング本とビジネス書は胡散《うさん》くさい。「そんなに儲かるんだったらお前がやれよ！」と言いたくなるものだらけである。読んでいる最中は高揚感を味わい、終わった後に達成感を覚え、その後は内容をすっかり忘れてしまうような本にうんざりしている人に本書を送りたい。超現実的な話をしよう。

ネットは活用次第ではうまく化けてくれる。低コストで成功をもたらす可能性もある。今までむちゃくちゃな使い方のほうがまかり通ってきたが、そろそろ夢から覚めよう。

なお、本書では「ネット通販」については触れない。これは放っておいても成功するだろう。

ネットが持つ「検索」と「カタログの一覧性」「価格比較」などの機能は通販に向いており、各業者も上手に使っている。だから彼らについては語らない。本書を読んでいただきたい方は、

「ネットを使って儲けたい人」
「ネットをもっと楽しみたい人」
「ネットで何か話題を起こしたい企業の人」
「『ネットで話題を起こせ！』と上司やクライアントからムチャ振りをされ、困っている人」

「ネット時代に取り残されてしまったのでは……と悩んでいる人」

「ネット通販をやっているものの、告知がうまくいっていない人」

そして、テレビや雑誌といった「既存メディアの人々」である。


ネットの現実と、上手に儲ける使い方を述べていきたいと思う。

第一章

ネットで儲けることの現実

ネットで人生は変わらない

インターネット万歳!!!!! ありがとう! インターネット! オレの収入を昔の50倍以上にしてくれてありがとう! と私は言いたいのだが、それは万人にとっても同様に思ってもらいたくない。なぜなら、私はあまりにも運と時期が良かったからである。

本書では「個人がインターネットでトクをする方法」について語るが、いきなり結論を言ってしまうと、ネットで人生はあまり変わらない。ただ、ものすごく人生を効率化してくれるし、いくらでも情報を収集できる。そして、かなり楽しい。これは間違いない。

本書を手に取る方は、これからインターネットを本格的に活用したいと考える方も含まれるだろう。そんなあなたに冷や水をかけるようで申し訳ないが、ネットに過度な期待はしないほうがいい。「そこそこ」程度の期待で十分だ。それは「人生を変える」や「ネットで一攫千金」といった期待ではなく、「うひゃひゃひゃ、ネットってマジ面白れぇwwwww」(w=「笑い」の意)や「おーーー、ネットすげー! 便利じゃん!」「お小遣い来たぁ!」といった程度の期待である。

私の場合は、2006年のネットニュース黎明期《れいめいき》にネットニュースの編集者になったと頃、よく分からぬまま「ネットに詳しい人に仕事が来るバブル」に乗っかり、あれよあれよという間に収入が激増し、ウハウハの人生を送っている。しかし正直、「運が良かった」「今からやってたらこうはなってなかった」「オレも既得権益を持った薄汚いオッサンだ」と思うことだらけである。

ネットを使うことにより、誰もが情報を発信できるようになった。ただ、今現在、ネット上でごく普通の一般人が「目立つ」「儲ける」ことは相当難しくなっている。

それこそ、著名人や芸能人、プロスポーツ選手が続々とブログやツイッターを使って情報発信を行い、それらは膨大なるPVを獲得する。ニュースサイトも雨後のタケノコのようにボコボコと出てきては、ネット上で有名人が発言した内容をニュースとして報じる。それがソーシャルブックマークや「2ちゃんねる」に取り上げられ、またもやその人の発言は広がり話題となる。その有名人は頃合いを見計らって「第二弾」の発言を行うことによって再度注目を獲得することが可能になる。

これは日常茶飯事のごとくネットで展開されているサイクルだが、有名人が本格的にネット上で情報発信をはじめている昨今、もはや一般人には対抗しえない状態になっているのは間違いない。一般人が脚光を浴びるのは、何やら「痛いネタ」を投下し、「こんなバカがいるぜ」と世に晒《さら》され、そのネタが広がり続けた場合が多い。

また、ＰＶを稼ぐ手練を完全にマスターした各種ニュースサイトはユーザーの興味を引くネタを出し続け、上品で面白くないネタばかり出す企業を尻目に多数のクリックを獲得し、ＰＶとそれに伴う広告費を獲得している。

人間の時間は有限である。クリックできるサイトの数は限られるし、読めるサイトも限られている。そして何よりも、もはやネットにさえ「先行者利益」は発生しているのだ。

ポータルサイトでいえばヤフーの一人勝ちだし、無料ゲームの分野ではＧＲＥＥとモバゲータウンがとんでもなく稼いでいる。芸能人ブログの分野ではアメーバブログで、動画投稿でいえばＹｏｕＴｕｂｅとニコニコ動画だ。

ツイッターフォロワー数と実力は無関係

そして、今しきりと「世界を変える！」と喧伝《けんでん》されているツイッターにしても、「先行者利益」と「有名人がより強い」現象はすでに発生している。たとえば、ツイッターフォロワー（フォロワー＝その人のツイッターをお気に入り登録した人）の数で2010年10月1日現在の日本TOP10は以下のとおりだ。別にここでは「フォロワーが多いとエライ」などと言いたいわけではない、ツイッターには一人一人の楽しみ方がある。あくまでも、「利益」と「影響力の強さ」の観点を生んでいるだけだ。

1位　ガチャピン（79万8355人）
2位　鳩山由紀夫（67万8781人）
3位　孫正義（49万5158人）
4位　堀江貴文（53万6313人）
5位　もーりす（52万3129人）
6位　tenki.jp　※日本気象協会（52万1096人）
7位　twj　※ツイッターサイト運営を手伝う主体（49万2386人）
8位　勝間和代（42万6880人）
9位　毎日.jp 編集部　※毎日新聞（42万4423人）
10位　asahi　※朝日新聞（37万6979人）

著名人と公的機関、新聞社が強いのが見てとれるだろう。5位の「もーりす」は、愛知県の自転車の好きな若者なのだが、なぜか米国ツイッターの「おすすめユーザー」に登録された結果、多数のフォロワーを獲得するに至ったという。ITメディアニュースの取材に対し、もーりす氏は「おすすめユーザーになる心当たりはない」と語っている。

この「おすすめユーザー」とは、ツイッターのIDを新たに取得した人に向けて、登録する際、「この人をとりあえずフォローしましょう」と自動的に表示される機能のことだ。私がツイッターに登録した2009年秋、「おすすめユーザー」が20人ほどズラリと出てきたが、「こいつ誰だ?」と思う人物だらけだった。後でプロフィールを見てみると、IT業界に身を置くギーク（ネットの最新ツールや面白いウェブサイトを紹介し、iPhoneやiPad等を使いこなし、そのすごさを説く人々）が多かった。

とりあえず私は全員フォローしたが、同じように「よく分からんがおすすめされているから登録しておくか」と思った人が多かったのだろう。これにより、彼らは2009年冬には10万~20万程度のフォロワーを獲得したのだ。

彼らは私にとって特に面白い発言をする人物でもないが、特段ネガティブなことを言うわけでもなく、「無難でどうでもいい存在」であるからフォローをやめる理由もないし、時にIT業界の面白いネタへのリンクを貼ってくれるので重宝することもある。
そんな「おすすめユーザー」の一人、ツイッターを携帯電話で使うためのアプリケーション「モバツイ」を開発した@fshin2000こと藤川真一氏は、2010年10月1日現在18万4337人のフォロワー数を誇るが、大量のフォロワーがいることについて2010年1月24日付けのブログでこう説明する。

「ただ、最近、ツイッターがバブル状態にあるがゆえに、このオススメユーザーのフォロワー数が、まるでその人の実力が如く過大評価されている向きがあるので、ちょっとだけ触れておきたい。たとえば、『あたかも、Aさんだから25万人のフォロワーを集めました』という文章を見かけることがあるのだが、まあ合っている部分もあり、間違っている部分もある。なぜなら『オススメユーザーなら、放っておいても誰でも自動的に1000人ぐらいは毎日フォロワーが増えていくありがたい仕組みだから』ということにつきる。つまり、オススメユーザーに登録されることで、『ツイッターの規模拡大の波に乗れる』」

そして、これをアニメ『機動戦士ガンダム』に登場するランバ・ラルのセリフを借りて

「貴様が勝ったのではない。そのモビルスーツの性能のおかげだということを忘れるな」と書いている。これは、主人公のアムロ・レイが性能の高い「ガンダム」というモビルスーツ（ロボットのようなもの）を動かし、ランバ・ラルが駆るガンダムよりは性能の低いモビルスーツの「グフ」を倒したときに、ランバ・ラルがアムロに向けたことばである。

ネットにもある「先行者利益」

「おすすめユーザー」に選ばれた彼らに共通する点の一つは、2007年3〜4月頃に開始し、ツイッターが流行る以前から「ツイッターは面白い！」とすでに発言していた点にある。

彼らは、ITに関しては超先端的な人物であり、ほとんどが男である。とかく新しいネット上のツールやアプリケーションが出たら試し、すげーすげー言い、iPhoneやiPad、Facebook、ひいてはインターネットが世界を変えると信じているネット大好きな人々だ。そりゃあツイッター社も「おすすめユーザー」に認定したくなるだろう。なにせツイッターのことを褒《ほ》めてくれるわけなのだから。

その後、ツイッターの「おすすめユーザー」機能は変更され、「おすすめユーザー」がいきなり20人分出ることはなくなり、「ミュージック」などのジャンルから選ぶことができるようになった。よって、このように突然20万フォロワーを誇る人が登場するようなことはなくなった。

だからといって、一般人が多数のフォロワーをいきなり獲得でき、多くの人と交流しては褒められ、クレーマーのような人から絡まれた場合にフォロワーからの援護射撃がもらえるわけではない。

有名人やフォロワーの多い人に絡むことによって、「あぁ、有名人とつながった」と嬉しい気持ちになるが、相手は何とも思っていない。「あの本、最高に面白かったです!」などと著書の感想でも述べようなら、褒められた側はその「ホメツイート」を引用し、その評判を広める。著者は、本当は自画自賛したいことを他人の口から言わせるのである。また、浜崎あゆみはソフトバンクの孫社長に「CMに出たい」と伝えて、本当にCM出演が実現した。

やりとりが可視化され、人々の記憶に残るため、まさに有名人が評判を高めるのに利用されているだけである。このように、ツイッターもこれまでのネットと同様に「先行者利益」が色濃い世界である。

ツイッターのフォロワー数の多い人（時に「戦闘力」にたとえられる）の多くは、もともと「アルファブロガー」（PVの高いブログを運営する人）である。「404 Blog Not Found」の小飼弾氏、「ネタフル」のコグレマサト氏、「百式」「IDEA＊IDEA」の田口元氏、「池田信夫 blog」の池田信夫氏など錚々《そうそう》たるブロガーがツイッターでもやはり強いのだ。

ちなみにツイッター戦闘力日本一のガチャピンも、2006年以降「ガチャピン日記」により大人気ブロガーでい続けている。

ツイッターはITに詳しい人向けのツールだったが、2009年夏には一般人に広がった。きっかけは、経済評論家の勝間和代氏とミュージシャンの広瀬香美氏が本格的にはじめたことだろう。先ほど「先行者利益がある」と書いたが、まさに広瀬こそこれを体現している。

1990年代前半～中盤、彼女は『ロマンスの神様』『ゲレンデがとけるほど恋したい』などの大ヒット曲を生み出していたが、2000年代に彼女の名前をあまり聞くことはなくなった。とくに目立ってヒットがなかったからである。女性ミュージシャンでは浜崎あゆみ、モーニング娘。、宇多田ヒカルらが2000年代前半のミュージックシーンを席巻《せっけん》し、

2000年代中~後半になると倖田來未の台頭や安室奈美恵の復活などがあり、ミュージシャンとしての広瀬はニュース価値がなかった。

だが、2009年7月にツイッターを開始してから、とたんにネット上でその名前が取り沙汰されるようになったのである。きっかけは勝間氏とツイッター上でやり取りをしたことにある。

当時からツイッターを使いこなしていた元祖ITギーク女性の勝間氏は、ITにトンチンカンな広瀬に使い方を懇切丁寧に教え、そのやり取りを見た多くのツイッター大好き人間が広瀬をフォローし、応援メッセージを送った。そして広瀬は「ツイッター」のロゴが「ヒウィッヒー」に見えると発言し、これがニュースとなったうえ、ツイッターユーザーの間で「流行語」としてまつりあげられた。ツイッターを広げたいIT系のニュースも「あの広瀬香美がはじめた!」と報じ、少しずつツイッターで交流を広げる広瀬のことをITオタクオヤジ目線で目を細めながら、温かい論調の記事で紹介した。当時は、ツイッターが絡めばさまざまなことが簡単に記事になる、牧歌的な時代だった。

広瀬はその後ツイッターユーザーに感謝する、という名目のもと、『ビバ☆ヒウィッヒー』という歌を作り、勝間氏と共著で『つながる力　ツイッターは「つながり」の何を変えるのか?』(ディスカヴァー・トゥエンティワン)という書籍を発刊。完全にツイッター界における芸能人第一人者となった。ツイッターのおかげで完全に「一発逆転」をしたのである。

その後、芸能人も続々とツイッターを開始したが、フォロワー数で広瀬に勝てる人は2010年10月時点で出ておらず、浜崎あゆみの猛追はあるものの、日本第一号ツイッターユーザーともいえる広瀬香美の持つ先行者利益の前には誰も歯が立たない。

進む「ネット論者の固定化」

また、「ウェブ論壇」ともいえる「ネット上で発言をするオピニオンリーダー」的な人についても、先行者利益と硬直化がみられる。

雑誌「サイゾー」は、2010年7月号で「危険すぎるIT裏事情」という大特集を組んだが、その中に「何が〝残念〟にしてしまったのか? 日本のネットの現状を直視せよ!」という記事があった。記事の冒頭では、ネット関連の業界が盛り上がっており、雑誌やテレビでもネットについての特集を組み、イベントやシンポジウムも各地で盛況だと書かれており、こう続く。

「だが、一連の流れを眺めてみると、ある傾向に気づく。それは『論者の固定化』ともいうべき事態である。堀江貴文氏、勝間和代氏、山本一郎（切込隊長）氏、小飼弾氏など、『そういった』議論の場でよく見かけるのが、毎度同じような面々ばかりなのだ。かつて、意見も立場も違う多様な人々が入り混じって、自由闊達な議論が行われることが期待されていたネットでも、オールドメディア同様に論者の固定化が始まり、『ウェブ論壇』ともいうべきシーンが形成されてしまった印象だ」


確かにそうなのである。ここで挙げられたような人物は、ネットの黎明期よりネットで積極的に発言してきた人物で、ツイッターにおける広瀬香美のようにすでに先行者利益をブログの時代から持っている。それがツイッターでも多くのフォロワーを稼ぎ、ネット上での寄稿、書籍執筆なども積極的に行っている。サイゾーの指摘どおり、「論者の固定化」は進んでいるのだ。

「ウェブ論壇」とまではいかずとも、特定ジャンルのトピックについて何やらブログで書こうと考えたとしよう。「オレはモツ煮込みが好きだから、モツ煮込みばっかり食べるブログをやるぞ！　人気が出たら書籍化もありうる」などと考えたとする。

そこでグーグル検索でもしてみようものなら、一般のモツ煮込みファンによる食べ歩きブログがうんざりするほど多く出てくる。そして、モツ煮込みの名店の名前（「岸田屋」「宇ち多」「山利喜」「大はし」など）で検索をしてみても、先ほどのモツ煮込みブログの強者達が上位に来ては絶望的な気分になるだろう。そこには「100万アクセス突破！」などと誇らしげに書かれている。

だったらオレはモツ煮込みにはこだわらない。焼きとん・焼き鳥にこだわっていくぞ！と方向転換をしても、やはり「モツ煮込み」や「モツ煮込みの名店の名前」で上位に来ていたブログの著者がすでに上位にいる。そりゃあ焼きとんや焼き鳥の店のお品書きにはモツ煮込みがあるわけで、強者たちだって両方食べているだろう。

趣味ブログの世界においても、もはや先行者利益は色濃く存在しているのである。だからこそ「そこそこ楽しもう」程度の気持ちでネットと付き合うのが良いのだ。もう「煽り」はうんざりだ。

ネットを利用した戦略は、すべてが早い者勝ちである

ここで私自身の話をする。２００６年から２００９年まで、ネット関連書籍は相変わらずネットの可能性を説くものばかりだった。だが、そこに転機が来た。類似書がほとんどないということで執筆する機会をもらえた拙著『ウェブはバカと暇人のもの』がマーケティングや広報関係者の間で数多く読まれたのだ。

そこから「現実的なネットプロモーションの提案をしてください」などの仕事が殺到し、私の売り上げは２００８年の３０００万円から２００９年には４５００万円、２０１０年には７５００万円になった。たぶん２０１１年は１億円を超えるだろう。これも完全に「先行者利益」であり、その経緯を箇条書きにするとこうだ。

①ネットユーザーが今より少なく牧歌的だった時代に失敗を重ねられたため、ソーシャルメディア全盛の２００９年以降、ネット上の立ち居振る舞いを人に伝えられるようになった。

②何がネットでウケるかが分かるようになったため、「単にキレイなサイトを作るだけじゃダメなんだ」と気づいた企業人に「ネットでウケるネタ」を伝えられるようになった。
③ニュースサイトの編集者という職業が珍しかった時代に仕事を開始することができたため、業界内で多少は存在を知られていた。
④上記3点があったため、「ネットの現実を明らかにする本」を書くことができた。

というわけで、私はたいへんネットの恩恵を受けている。別にこれは実力うんぬんではなく、「早くにネットニュースの編集者になれたから」ということでしかない。だが、今後「ネットニュースの編集者」というジャンルに新規参入した人はなかなか恩恵を受けにくいのではないだろうか。もはやここにも「先行者利益」が存在しているのだ。

何やらアンフェアな話ばかり続いているが、話はまだ終わらない。ネット上での個人による金儲けについての現状を語る。

2003~2006年頃にかけ、やたらと「ネットでお小遣い稼ぎ」といったことばがネットのみならずテレビや雑誌でも踊っていた。だが、これももはや難しい。

その具体的方法とは、懸賞への応募、チャットのサクラ、企業の商品モニターやブロガーイベントへの参加、そしてアフィリエイト、検索キーワード連動型広告の導入などがあった。アフィリエイトとは、ブログに通販サイトなどへのリンクを貼り、ブログ経由で商品が売れたら成果報酬をもらえること。検索キーワード連動型広告とはグーグルアドセンスなどのことで、ブログの内容に関連した文字広告（リンク）を表示させ、ブログ読者をリンク先のサイトへ誘導できたりお金がもらえる仕組みのことである。

懸賞への応募については、暇な懸賞マニアが血眼で応募を殺到させているがゆえに倍率が高くて当たりづらいし、チャットのサクラは時間を売っているだけの話であり、通常のバイトと変わらない。在宅でできることがメリットというだけだ。

商品モニターやブロガーイベントは、2005〜2007年頃は盛んに行われていたが、カネをもらって商品を褒めているのに、あたかも本気で褒めているような書き方をする人が多かったため、信頼性を失ったり、炎上する事例も続出。どこかに胡散くささもある広告手法であるため、最近では企業も以前ほどは積極的にやらなくなってきている。

アフィリエイトについてだが、知り合いのアフィリエイト運営会社の元役員Aは「確かに、アフィリエイトで月収100万円を超える人は多少いるが、それは昔からやっている人で、今からはじめるとけっこう辛いと思うよ」と言っていた。

そんな中、別の友人が「給料が少ないのでアフィリエイトで稼ぎたい。誰か詳しい人知らないか」と言ってきたので、友人にAを紹介した。Aと友人と私と3人で飲んだときの会話を再現する。これは2009年秋の話である。

友人「いろいろと懸賞とかモニターとかポイントサイトに登録してやってきたんだけど、どれもパッとしないんですよ。やっぱサラリーマンである以上、そんなに時間も使えないし、せいぜい月に1500円とかにしかならないんですよ。やっぱアフィリエイトがいいんですかね？」

A「う〜ん、結論からいって、アフィリエイトもすすめられないですねぇ」

友人「何でですか？ ブログに適当な芸能ニュースでもコピペして、エロい単語をちりばめておけば人がいっぱいクリックしてくれ、中には商品を買ってくれる人もいるんじゃないですか？」

A「う〜ん、そううまくいかないんですよ。まず、そんなスパムブログ（カスのようなブログ）はアフィリエイト運営会社の審査を通らないし、最近は検索エンジンもそういったブログは上位に表示しません」

友人「じゃあ、内容を一応オリジナルにして、芸能ニュースを分析するものにしたとしましょう。そうすればちゃんと審査に通るし、検索エンジンにも上位に来るでしょ？一つのブログで毎日1万のPVが取るようにすれば同じ効果が出そうですよ」

A「そんなコンテンツ、作れるんですか」

友人「いや、今、本当に流行っている芸能人やニュース関連のキーワードを入れまくってさらっと分析しておけば、何とかなるのではないでしょうか」

A「簡単に言えることってのは、多くの人ができることなんです。ネットって誰もが参入できるからこそ、その中で勝つのが難しいんです」

友人「どれくらいやれば勝てますか」

A「最低1日3時間ぐらいかけて、レベルの高いブログを作るしかないでしょう」

友人「そうしたらすぐに収益化できますか」

A「たぶん、8ヶ月目くらいにようやくお金を稼げるようになると思います」

友人「えっ？　そりゃ無理ですよ。ほかにないんですか？」

A「う〜ん、よっぽどの情報がないともう難しいんじゃないですかね。あなたが今いる業界の裏ネタを実名とともに挙げまくる、とかやればけっこう人気ブログになってアフィリエイト収入ももらえるとは思いますが、今もらっている給料には遠く及ばないと思いますよ。あと、あなたはサラリーマン。疲れて家に帰ってからブログを必死に書く人と、一日中ネットばかりやっていられる人とではもう勝負になりませんよ」

友人「ってことは、アフィリエイトで儲ける可能性はもうないってことですか」

A「いや、そんなことはありませんよ。日本には30万人以上のアフィリエイターがいますけど、法人を除き儲けている人って、1000人くらいだと思います。もちろん儲けている人がいるってことは『可能性がない』ってこととは違いますよね。その1000人に入っている人は『簡単ですよ』って言うんだけど、残りの29万人以上の人にとっては難しいものです」

A「じゃあ、やっぱり僕でもできるんですか?」

友人「それはどうでしょうか。Aさんの場合、そもそも本業の収入が多くて、本業が多忙ですよね? あとはもともとウェブサイトを作ることが好きではないでしょう」

A「そうですね」

B「アフィリエイトでうまくいく人って、本業の収入は少ないけど定時で帰宅できたり、時間が余裕にある人なんですよ。そして、何よりもウェブサイトの制作が好きってことが重要なんです」

ネットで儲けている人はどんな人？

最強のアフィリエイターは、膨大なPVを稼ぐ2ちゃんねるの「まとめブログ」の管理人である。彼らは2ちゃんねるの面白いスレッドから拾ってきたネタを、文字サイズを変えたり写真を貼ったりしながら一つの娯楽ストーリーとして編集し直し、膨大なるPVを稼ぎ、アフィリエイトの収入を得ている。人気のあるブログの中には1日200万PVを稼ぐものもあるという。

そして、「ツイッターも広告として使えるのか」「一般人も何とか収入を得られるのでは」と期待されているが、これも難しい。やはり膨大なフォロワーがいなくては広告価値など生まれないからだ。

2010年7月25日にニコニコ生放送で放送された『ホリエモンの満漢全席』という番組で、2ちゃんねる元管理人の西村博之氏が、ホリエモンこと堀江貴文氏がツイッターで何か特定のキーワードをつぶやくことによってお金をもらっていることを暴露した。

だが、これも堀江氏のように52万人ものフォロワーがいるからこそできる芸当。企業はその膨大な数のフォロワーを見越してお金を払っているのである。ここでも「有名人利益」が存在するのである。

さらに堀江氏は有料メルマガ（月額840円）を配信しているが、このメルマガの会員数が2010年中に1万人に達するとインタビューで語っている。単純に掛ければ年間約1億円である。堀江氏のメルマガを運営するのは手数料40％の「まぐまぐ」だが、40％を引かれても約6000万円が同氏の懐に入るわけである。

一般人がメルマガで稼ごうとするなら、現実的な線は月額100円で50人に配信し、（まぐまぐの場合）手数料を払って3000円にするといったところだろう。

儲かり続ける「アバター課金」

最近注目されているのが、SNS（ソーシャル・ネットワーキング・サービス）などでアバター（自分の分身キャラ）用のアクセサリーや洋服、武器などをオークションで売買して儲ける人だ。

SNSの運営会社は、ゲームやオンラインコミュニティ内で服やアクセサリーを販売する。価格はまちまちだが、100円程度（そのコミュニティ内の通貨）から購入可能だ。ユーザーは、人よりもおしゃれでいたいから、服やアクセサリー（実際はただの絵なのだが）を購入し、人々と交換する。

ヤフー・オークションでは人気ソーシャルゲーム「怪盗ロワイヤル」のアイテムがよく出品される。このゲームは、ミクシィやモバゲータウンのユーザー同士がプレイするゲームで、世界中の宝を集めることが目的。途中、ゲームの運営側が用意した敵キャラやボスキャラを皆で協力して倒すことによって宝を手に入れられる。さらに、ほかのユーザーの持っているアイテムを盗むことも可能だ。その場合は闘って勝利する必要があり、ゲームキャラを倒す場合と同様に、より強力な武器や防具を揃《そろ》えることが勝利への近道となる。

2010年8月、モバゲータウンを退会し、怪盗ロワイヤルから引退することを決めた人物が、ヤフー・オークションに強力なアイテムやアクセサリーなどを何百個も出品し、40万1000円で落札されるというできごとがあった。このアイテムは長時間ゲームをプレイし続けることによって得られるものもあれば、その時間がもったいない人はカネを払って買うケースの両方がある。あまり作られないレアアイテムを持っている人は羨望《せんぼう》の眼差しで見られ、それらは高値で取引されている。この人は、高値でも買いたい人がいることを見越し、成功した例だ。

この「アバター課金」は隆盛を誇っており、ゲーム内でより強い存在になりたい人や、コミュニティ内で人よりおしゃれになりたい人、SNS内に作った自分の「部屋」を充実させたい人などが多額のお金を落としている。テレビCMでおなじみの釣りゲームでは、これらソーシャルゲームでお金を払って買った竿《さお》でなければ釣れない魚などもおり、人々からうまくお金を徴収できる仕組みになっている。しかしこの竿は、使い続けていると折れるのである。

実際にお金を落としている人はユーザー全体の10％程度で、大部分は無料ユーザーだといわれているが、GREEの場合は2010年の第3四半期決算で「広告メディア収入」が18億1100万円だったのに対し、「有料課金収入」が74億4620万円と、有料課金が絶好調である。

このように、バーチャルの世界で強くなったりおしゃれになったりしたいという自己顕示欲を満たすためのアイテム（繰り返すが、ただの絵）にとんでもない額のカネが支払われているのである。

だが、「レアアイテム」の売買には一つの落とし穴がある。それは、デジタルデータであるだけに運営側が作ろうと思えばいくらでも作れるということ。それまで高値で流通していたものが一気に値崩れするということもあるのだ。

必死に時間を使ってアイテムを集めたというのに、いきなりそのアイテムを運営側が大量販売しようものなら、お小遣い稼ぎをしようとしていた目論見は一気に崩れる。つまり、アバター売買もそれほど儲かるものではない。普通に働いたほうが効率は良いだろう。

ネットで金銭感覚を狂わせる子どもたち

また、一つ気をつけたいのが、携帯電話やネットでアバターを買っていると、その場でお金を支払っているという感覚がどんどん希薄になる点だ。

2010年6月9日の毎日新聞の記事に、こんなものがあった。

「小学生の娘が『無料で遊べる』というので携帯電話のゲームを利用させていたら、電話会社から5万6000円を請求された」。今年3月、地元の消費者センターに相談した北関東在住の親は、娘が1着数千円もするキャラクターの着せ替え衣装を大量購入していたことに、がく然とした。娘は『お金がかかるとは思わなかった』と話した。

人気に比例してトラブルも多発している。国民生活センターが2009年度に初めてまとめた携帯電話やパソコンの『無料オンラインゲーム』に関する相談件数は、全国で552件。全体の4割近くは未成年のトラブルで、小中学生が143件に上る」

確かに運営側が謳《うた》うように「無料」で遊べるのは事実だが、よりかっこいい服が欲しくなったり、より強い敵を倒したい場合は、抵抗なく有料アイテムに手を出してしまう。中高生がこのゲームにハマってとんでもない額の請求が来て親がびっくりするといった例が上記のほかにも多数報告されている。

運営側も「高校生以下は月額1万円以上使えない」などの対策に乗り出してはいるものの、携帯電話の料金は多くの場合、親や家族で契約していることだろう。対策を取っているとのポーズはできているが、実際のところは「学習能力のない子ども＋甘い親」のセットはそれなりに存在するわけで、彼らはカモである。こうしたカモ客を獲得すればするほど、ゲームの運営会社からすれば「大勝利」につながる。

結局お小遣い稼ぎをしようとはじめても、ネットユーザーの微妙な心の機微を操る術を熟知した運営会社からムダなカネを使わされていた、といったオチが待っているのもネットの世界なのである。

ここまでは個人のお小遣い稼ぎ的なことについて述べてきたが、私のようなライターでも、ネットではあまり稼げない。ライターの場合、掲載するのが紙ではなくネットだと、なぜか安くなるのである。紙の場合1本の記事を書けば1万5000〜2万5000円はもらえるが、ネットだと3000〜8000円程度である。恐らく「紙が本体で、ネットはオマケだからあまりネットに予算をかけられない」ということだろう。私が稼げているのは、広告案件を多数やっているからである。

とはいっても、広告関連のプランニングをしてもネットのプロモーションだと安い。これはどうしてかと言われても明確な答えがどこからも出てこないので、もう追究しないようにしているのだが、恐らくは「元の予算が少ない」ことと「効果がよく分からないから安くしておこう」という気持ちが発注主にあるからだと推測できる。まあ、そもそもフィービジネスが広告業界でまだ定着していないというのもあるのだろう。

第二章
クリックされない情報は無価値

さらば、「親切の押し売り」だったこれまでの宣伝

私の対外的な肩書は編集者だが、「PRプランナー」「ネット上の情報発信方法を考える人」といった別の顔も持っている。そこで、さまざまな企業や広告代理店へオリエン（業務内容の説明）を受けに行くのだが、最近しきりとオーダーされるのが「ネット上で話題になりたい」「ツイッターとUstreamで何かをしたい」「ソーシャルメディアで広がりたい」「バイラル（クチコミ）を起こしたい」といったことである。

これらは要するに「皆が見てくれて、当社のファンになってくれ、そして商品を買って欲しい」ということをことばを変えて主張しているだけである。そりゃ誰しも自社商品をバンバン売りたい。そのために、ネットの各所で取り上げられ、絶賛キャーキャーコメントが多数書き込まれれば嬉しいだろう。

だが、そこで企業の人に「本気ですか？」と言いたい。

「本気ですか？」ということに含めた意味は、「ネットで広がるだけの実力を持ったネタをあなたたちは作っているのですか」ということだ。

たいていの場合、企業からのオーダーは「ないものねだり」であることが多い。「女性の『美』を応援するサイトを作りました」や「○○（サイト名）を通じ、夢を持った人同士の交流を推進していきます」などとコンセプトを語られ、それをもってして「このサイトについて、ネット上で盛り上がり、会員登録してくれるようにしてください」などと言われても困る。

普通に考えれば、「別にオレ、お前らの会社から応援なんてされたくないけど……。そんなことより、もっと安くしろ、バカ！」と人々は思うのではないだろうか。

ネットユーザーの時間とクリックは有限である。彼らは自分が欲しい情報、トクする情報を検索によって見つけ、たまたま訪問したサイトや常に見ているサイトに貼られた面白そうな情報へのリンクをたどって、クリックという貴重な行為をしているのである。「頑張る女性を応援したい」などという企業側の「親切の押し売り」的なサイトに人が殺到することは、なかなかない。

クリックされるものは、テレビで見たものやニュースで話題になっているもの、好きな芸能人、自分の趣味と関係したもの、エロなどである。「B級でバカみたいなもの」のほうがネットではウケるのだ。というか、これが人間の本能である。

あなただって家に帰ったあと、クソマジメな「親切の押し売り」サイトを見るだろうか。スポーツの結果や、「笑える」と評判のリンクを見たり、ニュースサイトや、知人の日記を見て楽しむことだろう。あるいは、今度行く飲み屋のクーポンをダウンロードしたり、お気に入りの芸能人ブログや同じ趣味を持った人のブログを見ていることだろう。そんなリラックスしたい時間に、求めてもいないのに「あなたを応援したい」などと、偽善ぶっては会員として囲い込もうとする企業サイトなど見るだろうか。

企業なんてものは、自分の人生に必要なものを提供してくれれば良いだけで、それ以上は期待していない。そもそも人間は自分本位である。そこに「わが社のブランドを理解してください」などと言っても、けむたがられるだけだろう。

だったら、企業はネットユーザーに対してどう接するべきか。ここで結論を述べる。

ユーザーにとって役立つ情報、トクする情報、楽しめる情報を提供すること

これしかないのだ。ブランドを理解してもらおうとか、マインドシェアを高めたいなどと過度に期待するべきではない。B級商品・キャンペーン以外、ネットでブランディングはしにくいのである。

誤表記でつながる消費者

こう言い切ってしまうと「ボクちんはブランディングがしたいんだゾ！　お前は情報発信のプランニングをする人間なのにどうしてそんなことを言うんだ！」などと怒られてしまうが、残念ながらこれは事実である。

繰り返しになるが、ネットとソーシャルメディアに過度な期待をしてはいけない。

そのベースとなる考えは、「マスメディア広告と同じ考えではダメ」ということである。従来型のマス広告（屋外・交通広告含む）は、とりあえず「多くの人の目に触れるところでメッセージを強制的に見せる」ことにより商品告知とブランディングをしようとしてきた。

だが、ネットの場合は「強制的」に見せることがめったにできない。バナー広告は強制的に見せられるが、バナー広告の本来の目的は「自社サイトへの誘導」であり、そこに書かれるコピーはブランディングというよりは「ユーザーがトクする情報」である必要がある。

「ワケあり明太子1キロ1980円！」や「えっ！　私の年収こんなに低い！」「強烈な体臭に悩む人、必見」「数量限定　夏割今だけ4万9800円！」など、扇情的なコピーを見たことがあるだろう。いや、これはコピーというよりも、「トクする事実」を並べているか「不安を煽る」ことをしているのだ。

ここで、マス広告でやってきたように「洗練されたフォルム、ドイツの技術の粋を結集しました」や「家族の愛情に支えられています」などのキレイなブランドメッセージを述べてもクリックしてもらいにくい。

つまり、これまでのマスメディアにおけるブランド広告がやってきた「情緒に訴える」方法は、ネットでは通用しないのである。

クリックという行為は実に浮気的である。幾多の会議を尽くして、大金を投じて作ったサイトであったとしても、それが表示されている中、より扇情的だったり面白そうなリンクを見てしまえばそちらにユーザーは流れてしまう。サイトが重いと、表示に少し時間がかかっているというだけで別のところへ行かれてしまうこともある。

また、企業が注目されるのは商品を安く販売するときである。

2010年7月30日、ネット通販サイト・アマゾンで「〈お徳用ボックス〉ポカリスエット245ミリリットル缶×30本」という商品が、なんと103円で販売されていた。スポーツドリンクのポカリスエットが1本あたり3・43円というとんでもない破格の値段になったのである。これは価格を誤表記したためだ。

1・5リットル入りは8本入りで259円。こちらは1本あたり32・38円だ。900ミリリットル入りは12本で165円（1本あたり13・75円）。

このとき、2ちゃんねるでは「【乞食速報】アマゾンで誤表記祭り　ポカリスエット245ミリリットル缶30本で103円!!」というスレッド（ある話題についての書き込み）が立ち、2ちゃんねるユーザーはとんでもない価格でポカリスエットが販売されている情報を共有。スレッドには「今年は熱いからな、とりあえず30ケース注文した」「900ミリリットル×12本×20買った」「1・5リットル×8本を20箱注文した　5000円なら安い安い」などと「戦果」を報告する人々が続出した。

ここでいう「乞食速報」とは、ネットのどこかで激安販売されているものがあるとき、皆で注文を殺到させるべく情報を共有するために使われることばだ。

ほかにも2009年10月17日、イトーヨーカドーがネットショップで複数商品に価格の誤表示をし、2ちゃんねるで「祭り」（多くの人が参加する状態になること）が発生。サバの味噌煮缶詰24缶ケースを合計98円で販売したり、カップ焼きそばの「UFO」を12個ケースを合計124円で販売するなど、「単価」と「ケース」を間違えた表記をしてしまったのだ。その際、大量買いした人が商品を積み上げる写真をネット上に続々と公開した。

その後12月7日にイトーヨーカドーのネットショップは閉店し、12月8日に「セブンネットショッピング」を開始。だが、その直後にまたもや値段の誤表記をしてしまったのだ。

このときはペットボトルのコーヒーが24本入りで148円や、オリオンビール中瓶30本入り300円といった調子だ。2ちゃんねるでは戦果を紹介し合う人が続出。オリオンビールの場合は40ケース（6000本＝6万円）を買い、酒屋へ58万円で転売し、52万円の利益を出したと書き込む人もいた。

話は大幅にずれたが、これらは「トクする情報」だからこそクリックをし、皆で広げているのだ。あまりにも極端で企業からすると歓迎できない例ではあるものの、これがバイラルの原理である。

イトーヨーカドーの「祭り」の場合は以下の理由でバイラルが発生した。

①とにかく安いので後のことは考えず、注文した達成感を皆で共有したい
②自分はトクしたため、他人にも広げ、「祭り」を皆で楽しみたかった
③イトーヨーカドー(後のセブンネットショッピング)が同じ凡ミスを犯したことがあまりにもおかしく、皆でその失敗を笑いたかった
④とんでもない注文をする人物の行為が面白いため、皆でその人物に突っ込みを入れたかった
⑤すさまじい量の食料品の写真のインパクトが強烈だった
⑥イトーヨーカドーの困った様子を皆で笑いたかった

これらを総合すると、バイラルが起こった理由は「トクするから」「面白かった」からである。いかにネットユーザーが自分本位であるかが分かるだろう。人は企業のためではなく自分のためにネットを見てはクリックをし、書き込みをするのである。ここを絶対に見誤ってはいけない。

マス広告しかなかった頃、競合はあくまでも「同じく上品な一流企業の方々」であった。それは、マス広告を買うカネを持っているのが「上品な一流企業」に限られていたからで

ある。そこでは、「上品な一流企業の方々」の中で目立てばそれで良かった。要するに、ぬるま湯の中で競争をしてきたのだ。

だが、ネットはその参入障壁の低さから、個人でも中小企業でも「とにかく面白いことを言っとけば目立てる」世界だ。原理としては平等なのである。そんな手合いを相手にしなくてはならないのがネットの世界であることを、まずは理解したい。

大体、企業のマーケティング担当者は頭が良すぎるのである。「ターゲット分析をした結果、この商品は『行動したいけど、一歩を踏み出せない人』にウケるということが分かりました」などと分析した上で小難しいことをやっているのである。

いくら考え抜いたプランであっても、人間はもっと欲望に忠実だ。マス広告とネットを連動させた高偏差値で美しいスキームのキャンペーンがあろうとも、少しでも脇に「沢尻エリカがセミヌード披露」「ウザい女だと思われる9パターン」などと下世話なネタへのリンクが貼られていたら、そちらに人は行くだろう。

何度も言うようだが、ネットではクリックされなくては意味がないのである。サイトのデザインなど美しくある必要はまったくない。このニュースサイトの場合はとにかくクリックの「地雷」を配備しまくり、どれかに引っかかってもらい、より多くのクリックを稼げばそれでいい。ＰＶを稼げば稼ぐほど、検索キーワード連動型広告をクリックしてもらえる可能性が高まるし、サイトのＰＶが高ければ高いほどバナー等の広告料金も高く設定できる。企業の場合は、極力多くの人にキャンペーンページや通販ページに飛んでもらうための地雷を多数配置しなくてはならない。

だからこそ私たちは、時に「釣り」（やや針小棒大に、思わせぶりな見出しをつけ、ユーザーにクリックさせる行為）もして、えげつなくクリックを稼いでいるのだ。

花の月9で「ＣＭ間に合いませんでした」

実際のところ、ネットとは本当に人間くさい場所なのである。今までの「頭のいいオレらが考えたことを強制的に見せときゃいいんだろ」というマーケティングではなく、「何に反応してくれるかな～」と考えながら適切な切り口を生み出し、そこに今流行っているネタを加味すれば良いのである。

たとえば、２０１０年5月に生活雑貨メーカー・エステーが行ったＣＭキャンペーンは実に適切なツボを押さえていた。

同社はフジテレビの「月9ドラマ」のスポンサーである。「特命宣伝部長」である高田《たかだの》鳥場《とりば》氏は5月10日に一度だけオンエアしたCMを話題化し、翌週も視聴者にCMを楽しみに思ってもらえるようにし、さらには同社宣伝部のサイトに人を誘引したいと考えていた。

この高田鳥場という名前はもちろん実名ではない。宣伝部長の鹿毛康司氏が、鳥のかぶりものをかぶり、「特命宣伝部長・高田鳥場」というキャラを演じ、PR活動をしているのである。

さて、そのCMとは前代未聞の「お詫びCM」である。商品は「自動でシュパッと消臭プラグ」。内容は、女優の草刈麻有が「今日から新しいCMを放送する予定だったんですけど、間に合いませんでした。来週にはできます」と、CM撮影現場からお詫びをするものだったのだ。

「月9」というステータスの高い枠に提供しているというのに、このように奇策ともいえるCMをオンエアした時点で十分面白かったため、ネット上では「エステーのCMが新しい。いいなぁ。いいもんみたw」「面白いし女の子かわいいんだけど、なによりエステーの間に合いませんでしたCMに度肝を抜かれました」「エステーの新CM『間にあいませんでした』ぉwwwwぃwwwwwww」「エステーのCM超展開ww」などと面白がる人が多数出た。高田鳥場氏はこのような状態になることを見越しており、さらにネットで広がるよう、一つの策を講じていた。

それは、同社の宣伝部のサイトでも謝罪をすることである。エステーには同社の本サイトがあったうえで、「エステー宣伝部ドットコム」という下部サイトがあるが、後者の役割は高田鳥場氏が宣伝部の範疇《はんちゅう》で自由にPR活動を行うことにある。ここで高田鳥場氏はブログも書いているのだが、トップページに「お詫び」をドーンと掲載。

オンエアがされなかった理由については「特命宣伝部長の高田鳥場がさまざまなことを勘違いしていたことにあります」と何やら思わせぶりなことを書いた。そして、「記念すべき月9ドラマ第一回において、視聴者の皆様に新CMをお届けできなかったこと、草刈麻有さんに状況を説明させる事態に至ってしまったことについて、ここにお詫び申し上げます」と書き、翌週（5月17日の回）は新CMが流されることを明言した。

すると、これをニュースサイト・アメーバニュースが「月9ドラマでOA予定のCM間に合わず スポンサー謝罪」の見出しで報じた。そして、みるみるうちにアメーバニュース内でのアクセスランキングが上昇し、第2位のアクセス数を稼いだのだ。さらにこのニュースはライブドアニュースやエキサイトニュース、ニフティニュース、ヤフーが運営する「ネタりか」などに配信され、2ちゃんねるでもスレッドが立ち、多くの人がブログやツイッターに「間に合わず」と「謝罪」の事実を書いた。エステー宣伝部ドットコムにはアクセスが殺到し、サイトがつながりにくくなる事態となった。

これはそもそもCM自体が面白かったことが最大の勝因だが、「時流」と「突っ込みどころ」をキチンと押さえていたことがネットで話題になった理由である。

「時流」でいえば、木村拓哉主演のドラマが月9で開始するという大きな話題で注目を集める状況にあった。

「突っ込みどころ」は、「宣伝部長が謝罪」という点にある。「CMが間に合いませんでした」というあまりにも間抜けなCMを流しておいて、その直後、トップページにデカデカとお詫びを掲載。さらに、お詫びをしつつも、「さまざまなことを勘違いしていた」と、これまた「勘違いってなんだよｗｗｗｗｗｗ」と突っ込みを入れたくなるような説明をする。翌週には「勘違い」の真相を明かし、それもニュース化され、自社サイトに人がやってくる。

これは完全に作戦勝ちである。この「間に合わない」という一見企業の恥と思えることを逆手に取り、「宣伝部長が謝る」「宣伝部長が恥ずかしい真相を明かす」という一連の流れは、実はエンタテインメントとして相当完成されている。ネットユーザーはとにかく面白いものをクリックしたいわけだから、ドジにドジを重ね、それをいちいち報告するというエステーの姿勢はまさに「こりゃ腹痛ぇぇぇぇぇｗｗｗｗｗ」というものだった。

テレビとネットは、基本的には両方とも無料の娯楽であるため、ユーザー層はかぶる。ネットとテレビ上の面白いコンテンツの相性は良いものの、やはりネット上にその情報を置いておかなくては、拡散はしづらい。

また、ごく普通のテレビ視聴者は、そこまでネットリテラシーが高いわけではなく、私たちニュースサイト編集者のようにどっぷりとネットに浸かっているわけでもない。だからこそ、強力なブロガーやツイッターユーザー、ニュースサイト記者のように、拡散する能力を持った人間に見つかるべく、ネット上にも面白いコンテンツをちりばめておく必要があるのだ。

「ガリガリ君」品薄トラブルの背景

企業がネット上で話題になったネタをもう一つ紹介する。２０１０年８月３日、猛暑のためアイスキャンディー「ガリガリ君」の生産が追いつかなくなったことを、製造する赤城乳業が同社HPで報告した。

「平素は赤城乳業製品のご愛顧を賜り、厚く御礼申し上げます。さて、弊社が製造販売しております『ガリガリ君』（各種）は、この夏の猛暑の天候状況もあり、通常の販売数量を大きく上回る状況が続き、現在品薄状態となっており、皆様に多大なるご迷惑とご不便をおかけしております。心より深くお詫び申し上げます。現在、増産体制を敷いておりますが、予想以上のご好評をいただき、未だに安定供給の確保には至っておりません。お客様にご迷惑をおかけしております事を真摯《しんし》に受けとめ、少しでも早く商品をお客様へお届けできるよう取り組んでおりますので、何卒ご理解の程お願い申し上げます」

これを毎日新聞が「〈ガリガリ君〉猛暑で大売れ　品薄状態でメーカー陳謝」と見出しをつけてヤフー・ニュースに配信。ヤフー・ニュースは一日3500本程度配信されるニュースのうち、50〜60本程度しか選ばれない「ヤフー・トピックス」に、「ガリガリ君、品薄状態で陳謝」の見出しをつけて掲載した。

まさにヤフー・トピックスは日本のネット界で最強ともいえる一コーナーで、このニュースはまたたく間に多数のニュースサイトもフォローし、ネット上の話題として「ガリガリ君品薄」の話題は相当アツくなっていた。

こうなるであろうことは私は分かっていた。『ウェブはバカと暇人のもの』ではガリガリ君について以下のように説明していた。

「企業の担当者は、ネット向きの商品とそうでない商品があることを認識したほうがいい。ネット向きの商品のひとつは、ズバリ、安くてコンビニで買えるものである。経験上、記事として紹介して、PVが高くてコメント欄も活況となる商品は『納豆』（3パック入り118円〜148円程度）、『チロルチョコ』（10円〜30円）、『ガリガリ君』（60円のアイスバー）が御三家である。また、店舗に関しては、『マクドナルド』『ユニクロ』『モスバーガー』が御三家だ。いずれも、『高感度な人が好む』というよりは、『親しみやすい』『ふだんからよく目にする』商品や店舗が人気なのである」

このセオリーはあれから1年半以上経過したが何も変わっていない。相変わらずこれら六つについて書いた記事は人気がある。

そして、このネタについては、続報を書いた。私はリクルートが発行するフリーマガジン「R25」のネット版で記事を書いているのだが、ここで「猛暑で売れるアイス、売れないアイス」という記事を書いた。これは、「ガリガリ君がバカ売れ」がヤフー・トピックスに載ったことを受けての「その後どうなったか?」を報告する記事である。

ヤフー・トピックスではガリガリ君がいかに絶好調であるかが伝えられた。だが、多くの人は、「ほかにも売れているアイスってあるんじゃない?」「逆に売れないアイスってのもあるんじゃない?」と疑問を抱くだろうと考えた。そこで、「日経POS情報サービス」からデータを入手し、猛暑の2010年7月によく売れたアイスを、若干冷夏だった2009年7月によく売れたアイスと比較したのだ。その結果、ガリガリ君以外にも猛暑で人気になるアイス、人気が落ちるアイスが存在することが明らかになった。

ガリガリ君は前年の16位から9位に上昇。また、前年は圏外だったものの、TOP20位に入ってきたアイスは「カルピス アイスバー」「ドール もりだくさんフルーツ」「モナ王バニラ」のサッパリ系である。また、濃厚派の代表・ハーゲンダッツが軒並みランクを落としたことも報じ、これがヤフー・トピックスに掲載され、多数の人がネット上でこのニユースを取り上げ、ガリガリ君についてさらに語った。

新聞とネットは文脈からして違う

もうお分かりだと思うが、ネットで何かが話題になるにあたっての大きな発火点は「ニュース」である。これが2ちゃんねるやブログ、ツイッター、SNSの日記、ソーシャルブックマークなどに波及するのである。

「このことを知ったのはツイッターがきっかけだった」やら「○○が死んだのを知ったのはツイッターだった。やっぱツイッターが一番早い！」などのつぶやきを見ることがあるが、これらはたいてい誤解である。その人は確かにツイッターで見たかもしれないが、元ネタはテレビやネットニュースだろう。

ことさらにツイッターが早い！　と喜ぶ人はもっと冷静になったほうがいい。マーケティング・広報業界で言われているほどツイッターは一般には知られていない。ツイッターはまだマイナーである。そして、ニュースが大切なのだとしたら、実は企業は今こそ、古くさい「広報」に力を入れるべきなのである。

ただし、ここで言うところの「広報」とは、これまでのように記者クラブや普段から付き合いのある記者だけを相手にすれば良いわけではない。それだけではなく、数多あるネットニュースサイトの編集者やライター、企業のプレスリリースやプロモーションにすぐにアクセス可能な「一般のネットユーザー」もその対象になる。過去の広報は「マスコミ対策」だったが、ネット時代になりようやく「広く報じる」という本来の広報の姿に戻ってきたのだ。

これまで企業の広報活動は長きにわたり、予算が少なく、「無料の宣伝」などと軽く見られてきた。事業部や宣伝部が作った企画や商品情報を広報担当者に回し、「プレスリリース書いといて」などと言われては、「本当にお前、商品のこと分かってねぇよな」と舌打ちされ悔しい思いをしてきた広報マンを、私は何人も知っている。広告費が少ない場合、宣伝部の人が「だったらこれ、広報からプレスリリース出して、知り合いのスポーツ新聞記者にでも書かせればいいんじゃね？」などと安易に記事化を押しつける例も何度も見てきた。

とかくバカにされがちだった企業の広報部だが、実はネット時代には活躍する可能性が生まれてきたのである。

何せ、ネット時代以前のメディア露出は基本的には多額の広告費を払った企業か、あまりにも画期的な商品・サービスを生み出した企業しかメディアから取り上げられなかったのだ。それは、4マスのスペースが有限であり、しかも第三者から取材をされなくては露出されなかったからだ。

記者の側は「これは社会的に価値がない」と思うため、記事にしなかったのだろうが、果たして記者のその判断は正しいのか？　以前は「記者であるオレ様が記事にしなかったからそうなんだよ。うっせー、帰れ、しっしっ」という状態だったのが、面白いものへの反応がダイレクトに広がるネット時代は「あの記者が取り上げなかったのはあいつに見る目がなかったからだ」という状態を作ることが可能になった。

さらに私は、企業や個人が自社媒体を持つことができたことも素晴らしいことだと思っている。これはたとえば、上司が「こんな切り口で情報を出せるか、バーローめ」と部下の発案を却下し、その上司の言ったとおりのことが自社HPにアップされたとしよう。だが、まったくアクセスがなかったとしたら、その上司の言っていることは「世間的にはウケないこと」ということになる。

逆に、上司がダメ出しをした企画や切り口がネット上ではウケることもある。その場合は部下の勝ちである。部下の企画はフェアなクリック競争で勝ったのである。

そんなことはよくあることで、企業やマスコミの常識は世間の常識ではない可能性も高いのである。また、マスメディアではあまり見ないものの、ネットで独自にウケるものも時に存在する。

本書ではこれを「ネット文脈」と呼ぶことにする。これはきわめて重要な話で、本書を貫く一つのキーワードとなる。

「ネット文脈に合っている」とは、簡単に言うと「クリックしたくなるもの・広げたくなるもの」のことであり、ユーザー本位のものだ。ネット文脈と相対するのが「新聞文脈」である。これは「新聞社が選んだ『皆にとって大事なもの』」を意味する。

このネット文脈と新聞文脈が明確に異なるということを見られるのが、新聞の一面とネットニュースの「トピックス」の違いである。

「トピックス」とは、各種ニュースサイトのトップページに掲載された8本ほどのニュースで、13〜15文字程度のコンパクトな見出しで書かれたコーナーのことである。そのニュースサイトが「最も読んでもらいたい」と考えるニュースがピックアップされることから、新聞の一面と同じ重要度を持つといって良いだろう。

だが、ネットニュースと新聞では、選ばれるニュースの傾向は異なる。たとえば、一般的な新聞である朝日新聞の一面と、「トピックス」の代表格ともいえるヤフー・トピックスに登場する記事はズレる。以前どのくらい重複するのかを何日か見てみたが、朝日新聞の一面に10本記事があったとしたら、その内3本程度しかヤフー・トピックスには出てこなかった。

もちろん、選挙や大災害、政治家の逮捕などの重大ニュースについてはかぶるが、特にそのようなものがない日は重複するのはせいぜい3~4本である。

たとえば、2010年8月14日の朝日新聞一面と、同日朝9時のヤフー・トピックスのラインナップを見てみよう。

【朝日新聞】

・無理なローン　家失う　09年度6万戸が競売に
・機密費支出「基準なし」　担当官僚が法廷で証言
・奈良　元興寺　最古の現役木材建材　586年ごろの伐採　法隆寺の100年前
・「貴乃花動議」理事長戦の乱　放駒親方、一度は「辞退」

※以下、ヘッドラインのみ
・空母・赤城　艦内で日刊紙
・芥川賞・赤染さんがエッセー
・恋愛ゲームが熱海を救う？
・韓国併合１００年、元首相の思い

【ヤフー・トピックス】
・高速道 下り一部区間で渋滞
・銀座宝石強盗 スペインで逮捕
・手軽な遺伝子検査に学会警鐘
・バリ島で狂犬病拡大 対策へ
・アルコール抜きビール絶好調
・ヤクルト10連勝 阪神首位陥落
・11歳・荒川ちか 露映画で主演
・BIGBANG リーダーとモデル交際

現在では社会の公器とも呼べるヤフー・トピックスは、多少読売新聞や朝日新聞とかぶることも多いが、より娯楽色の強いライブドアニュースになるとその確率は減少する。彼らがトピックスに出す記事はPVが稼げる「面白い記事」であり、必ずしも「社会にとって大事な記事」ではない。ライブドアニュースの2010年8月14日朝1時25分現在のトピックス（同サイトでは「主要ニュース」）のラインナップを見てみよう。

【ライブドアニュース】
・借金と女性が引き金で教師殺害か
・外務省の100キロ女が病院で暴行
・自転車にまたがったまま変死の謎
・森元首相の政治生命おわった瞬間
・老人が卒倒、見ぬふりが現代中国
・高校入っても父と寝ていた新人
・朝日が甲子園の開会式をブチ壊し

・太田総理打ち切り、根強いアンチ
・宇多田、日本画家と再婚で休業?

9本のうち、芸能・スポーツネタが3本もあり、ほかも「えっ? どういうこと」と興味を引くものばかりだ。

ライブドアニュースのこのラインナップは、正直「ものすごく重要なニュース」というわけではない。より「娯楽」に寄ったニュースのラインナップといえよう。2番目の「100キロ」は特に明記する必要はない。それでもわざわざ書いたのは、そのほうが人々が「オッ!」と思うからだ。そして、これこそが人々が多数クリックする「読みたいニュース」であり「選ばれたニュース」なのである。

新聞とは異なるものが目立ち、人からクリックされる。これが「ネット文脈」である。

ネット文脈に必要なウケる要素は、次の事項である。

①話題にしたい部分があるもの、突っ込みどころがあるもの
②身近であるもの、B級感があるもの

③非常に意見が鋭いもの
④テレビで一度紹介されているもの、テレビで人気があるもの、ヤフー・トピックスが選ぶもの
⑤モラルを問うもの
⑥芸能人関係のもの
⑦エロ
⑧美人
⑨時事性があるもの
⑩他人の不幸
⑪自分の人生と関係した政策・法改正など

これぞ「ネット文脈に合ったネタ」であり、断言してしまうが、これらの要素が一つでも入っていない限り、ネットでは読まれないし、拡散もされない。

最近では紙の新聞に出るより、ネットに記事を出し、情報を拡散させたいと考える企業が多い。となればネットニュースに記事が掲載されるのが手っ取り早いが、ここで重要な

のが「ネット文脈に合った情報を出す」ことに努めることだ。

だからといって、新聞や通信社への情報提供をおろそかにすべきではない。なぜなら、ネットニュースの多くは新聞・通信社発でもあるからだ。彼らの記事の中でも「ネット文脈」に沿ったものがネット上で読まれているのである。

では、ネットニュースの構造や儲けの仕組み、これからどうなるかは次章から詳しく説明する。

第三章

ネットニュースはこう作られる

ネットニュースはPV獲得競争の最前線

ここまで「ネットに記事を出したい」という企業が多く、実際ネットニュースがネット上の話題のかなりの部分を作っていることを書いた。

このネットニュースの世界は一体どのようにして作られているのか。ネットニュースの世界とニュースがどのように作られているかを知ることで、「ネット世論」や「ネットでウケるもの」の作られ方が分かる。

ネットニュースの世界は、あまりにも激しいPV獲得勝負の最前線である。そこでいかに彼らがPVを獲得しているかを知ることは、個人にとっても企業にとっても参考になることだろう。

まず、ニュースサイトの数だが、正直数えきれないという現状がある。紙で印刷したり放送免許がいるわけでもないので、参入障壁が低く、コンテンツを作る能力さえあれば、比較的楽にニュースサイトを立ち上げることが可能だ。そして、これらニュースサイトは次のいくつかに分類することができる。

【新聞社系】
朝日新聞、産経新聞、読売新聞、毎日新聞、日経新聞など
【通信社系】
共同通信、時事通信、ロイターなど
【スポーツ新聞系】
日刊スポーツ、スポーツニッポン、デイリースポーツ、サンケイスポーツ、スポーツ報知、スポーツナビなど
【夕刊紙系】
ZAKZAK、Gendai Net など
【IT・ビジネス系】
ITmediaNews、CNET Japan、Business media 誠、Impress Watch など
【ポータル系】
ヤフー・ニュース、ミクシィニュース、モバゲーニュース、GREEニュース、ライブドアニュース、エキサイトニュース、BIGLOBEニュース、ニフティニュース、アメーバニ

ュース、ｇｏｏニュースなど

【雑誌系】

ダイヤモンドオンライン、日刊サイゾー、ｗｅｂR25、オリコンスタイル、東京ウォーカー、ＮＥＷＳポストセブンなど

【ネット独立系】

デイリーポータルZ、J‐CASTニュース、ギズモード・ジャパン、ロケットニュースなど

これらニュースサイトは、互いに記事を配信し合い、相互リンクを貼ってはトラフィック（アクセス）を稼ぐ。そこで得られるＰＶによってビジネスをしているのである。

朝日新聞のニュースサイトである asahi.com はどこにも配信しないという姿勢を貫いているが、たいていのニュースサイトはほかのニュースサイトやポータルサイトにニュースを配信することが普通だ。

何のために配信をするか？ すべてはＰＶ稼ぎとＳＥＯ対策（検索最適化）のためである。より多くのサイトに配信をすることで、リンクが貼られ、自分のニュースサイトへのアクセスを稼ぐことが目的なのである。当然それはＳＥＯ対策にもなるため、積極的に外

に打って出る。配信をされる側にしても、「コンテンツが増えればＰＶが増える」という原理に従って記事配信を受けているのである。

私のサイトもオリジナル記事は多数のネットニュースやポータルサイトに配信しているし、逆に多くのニュースサイトから記事を配信してもらい、毎日のＰＶを稼いでいる。

もちろん、ニュースサイト同士はライバル関係にあるものの、一種「互助会」ともいえるような雰囲気も伴っている。そして、ほとんどの場合、これらの記事配信料は無料である。あくまでもトラフィックのやり取りをするという名目のもと、お金は発生しない。

ヤフー・ニュースは「島田紳助」である

そして、これらニュースサイト群で最大の存在が、ヤフー・ニュースだ。ヤフー・ニュースは１５０以上の媒体が毎日３５００本の配信をし、その中から50～60本が「トピックス」として、ヤフー・ジャパンのトップページに登場し、これがとんでもない数のアクセスを稼ぐ。

ヤフー・ニュースは２０１０年5月現在、６９７０万ＵＵ（Unique User＝重複しないユーザー数)、PVは1ヶ月で45億である。この化け物サイトと数多のニュースサイトが配信契約を結び、ヤフー・トピックスや、関連ニュースなどで取り上げられることによって多数のアクセスを自社サイトに持ってくることができる。

２００９年2月、調査会社のネットレイティングスは、ニュースサイト(ポータル系は除く)の利用状況に関する調査結果を発表した。それによると、毎日新聞社が運営する「毎日.jp」の利用者数が９４７万人でトップ、2位がマイクロソフトと産経新聞社が共同運営するＭＳＮ産経ニュースの７８７万人、3位が産経新聞が運営する iza! の７４２万人であることが分かった。毎日.jp も iza! もヤフー・ニュースに記事を多数配信しているが、特筆すべきが、ヤフー・ニュースの影響力である。毎日.jp のトラフィックの約5割がヤフー・ニュースからの流入で、iza! の場合は約9割だったというのだ。

これは大いに納得できる。私のニュースサイトでは、通常アクセスランキングでトップになる記事は15~20万のPVだが、過去に１３０万のPVを稼いだ記事があった。それは、「ドリカム吉田美和の夫・末田さんの死因『胚細胞腫瘍』とは」である。

これは、２００７年10月、音楽グループ・ドリームズ・カム・トゥルーのボーカル・吉田美和の内縁の夫である末田健さんが亡くなったときのこと。同氏の死因である「胚細胞腫瘍」に関する解説記事を私のサイトにアップしたのだ。

この頃、たまたま医学部の博士課程の学生がライターとして私のサイトにかかわっており、彼がこの病気について詳しかったのである。ヤフー・ニュースの編集者は末田さんが亡くなったことを報じる記事をアップすることは決め、それに関連した情報を探したのだろう。そこでたまたま私たちのサイトが「胚細胞腫瘍」について解説をしていたため、ピックアップし、リンクを貼ってくれたのだ。

私たちニュースサイトは、ヤフー・ニュース内の「関連リンク」や「関連記事」に貼ってもらえるよう日々記事を配信しているのである。ここでは述べないが、次章ではいかに企業のネタがヤフートピックスに掲載されるかを見ていく。

どのニュースサイトもヤフー・トピックスの影響力は知っている。だからこそ、彼らから好かれるようなニュースを出そうとするし、関連記事として取り扱われるか否かで一喜一憂するのである。

この状態のことをコンデナスト・デジタル社のカントリーマネージャーである田端信太郎氏は、同氏がライブドアニュースの責任者だった頃に「島田紳助と雛壇《ひなだん》芸人」と表現した。これを聞いたときは「言いえて妙!」と思わず膝を打ったほどである。田端氏の言うところの「島田紳助」がヤフー・ニュースで、「雛壇芸人」が数多ある配信元のニュースサイトのことである。

島田紳助といえば、人気バラエティ番組の司会者として、雛壇に並ぶ多くの芸人をいじり、発言に突っ込みを入れたりする。紳助が認めたり、気に入ったタレント・芸人はCDデビューをプロデュースされたり、番組中でも発言の機会をたくさんもらえる。逆に、紳助から嫌われてしまえば、芸能界から干されてしまう。

ネットニュースもこれと同じで、ヤフー・ニュースからいかに取り上げられるかが自社サイトのPV増加に影響するため、ヤフーの顔色をうかがっている（ヤフー・トピックスがピックアップしてくれそうな記事を配信する）のである。

もちろんヤフー・ニュースの編集者は「オレらが選んでやってんだかんな！　オレらが好きな記事をお前ら配信しろよ」などと傲慢には思っていないものの、私たち弱小ニュースサイトからすれば、「ヤフー様」のような存在であることは間違いない。

ただし、ヤフー・ニュースからの流入に頼るのは本末転倒である。あくまでも自社ニュースサイトを充実させ、ヤフー・トピックスからのトラフィック流入は「ボーナス」といった期待値でいるほうがネットニュースの運営姿勢としては正しい。もちろん一般企業もこの姿勢は同様である。

「コバンザメ式」で後追い記事を作る

私のサイトは、フリーのライターを雇ってはいるものの、仕事量を考えると本当に少ない人数で運営をしている。この陣容だと、一次情報（たとえば、末田さんが亡くなったこと）については取材陣を派遣できないが、それに関連した二次情報（死因の胚細胞腫瘍とは何か）については、誰か詳しいライターに「すぐ書いて！」とやることによって補完できる。この記事をアップすれば、「胚細胞腫瘍」が一体何かを知りたい人に情報を提供できるし、ヤフー・ニュースをはじめとした別のニュースサイトや2ちゃんねるにも情報を提供することができる。

これを私は「コバンザメ商法」と呼び、少人数でネットニュースを運営するにあたっての基本戦略だと捉えている。別にスクープを取る必要はないのだ。あくまでも、「今流行りのものの補足情報」を出すことが重要なのである。一次情報については、大手新聞社やテレビ局の独壇場のため、そこは彼らに任せよう。そんな組織力に同じ手法で対抗するのは無理なのである。

だが、セコくも見えるこのコバンザメ商法を使うと、多数のPVを獲得することが可能だ。ここで、私の編集した記事でヤフー・トピックスのトップを取った記事を三つ紹介する。


『レッカペ』終了に芸人衝撃（2010年7月27日　アクセスランキング5位）

並み入る強豪ニュースの中でなかなか高い順位をたたきだしたが、これぞザ・コバンザメ商法である。私たちの編集方針で考えるのは「で、あのでっかいニュースのその後ってどうなるのか」を予測し、それを識者に聞き、記事を作るのである。

この記事は、お笑い番組『爆笑！　レッドカーペット』が2010年8月1日の特番をもって終了するとのニュースを受けてのもの。私たちの仮説としては「あれだけ多くの芸人が『レッドカーペット』に出ていたんだから、多くの芸人が仕事を失うだろう」というものがあった。

そこで、芸人AとBに取材したところ、Aからは「テレビに出ている人だからこそ、地方からの『営業』（地方でのライブやパチンコ店の開店イベントなど）ができる。しかし今後は『営業』が難しくなり、ジリ貧になるかも。漫才日本一決定戦のM−1グランプリ決勝に出るレベルの人でさえ、戦々恐々としています」とのコメントをもらった。

同番組に出たことのない若手芸人Bからは「僕らみたいに出演したことのない芸人からすればチャンスですよ。だって、レッドカーペットに出た芸人はいわば『過去の人』として見られちゃうんですから」とのコメントをもらった。

また、2人から「『レッドカーペット難民が出る』とささやかれている」とのコメントが出たため、これは見出しになると目論んで記事を出したのである。

猛暑で人気が落ちるアイスも？（2010年8月9日　アクセスランキング3位）

第二章でも紹介したとおり、アイスキャンデーの「ガリガリ君」が猛暑でバカ売れしたというニュースがネット上で話題となっていたことから、猛暑でバカ売れするアイスがあれば、逆に猛暑で売れなくなるアイスもあるのでは？　と考え、「後追い記事」を作った。

エコカー補助終了後購入は損？（2010年8月9日　アクセスランキング10位）

2010年9月末をもって、エコカー補助金制度が終了するため、慌てて「駆け込み購入」する人が増えている、といった記事があった。そこで私たちは「でも、自動車会社だって、10月以降、何らかの手は打っているよね。10月に買ったら大損するなんてことはないんじゃないの？」との疑問を持った。

そこで、とりあえず各メーカーが販売奨励金を出すことや、生産台数を抑えることなどの事実を把握した上で、新車情報誌の編集長に取材を行い、今後の展望と、「エコカー減税」は2011年春まで続くことなどを記事で報告した。

これが私のニュースの作り方だが、ネットニュースの面白いところは、「出した後の拡散」にある。

これぞネットで情報発信をするときの快感で、自分の発信した情報を使って多くの人があぁだこうだ言ったり、遊んだり、笑ってくれたりする反応をそのまま見られるのが醍醐味である。

手抜き記事でもＰＶは稼げる

私たちがニュースサイトの運営側として心がけることは二つしかない。一つはＰＶを取ることで、もう一つはクレームを受けないネタを出すことである。ＰＶについてはこれまでも述べてきたので、クレームについて説明する。

ネットニュースの記事というものは、ひょんなことから広がることが多いため、何かネガティブなことを書いた場合、関係者にまず知られると思って間違いない。今では企業も芸能人もエゴサーチ（企業名、商品名、自分の名前で検索をすること）をやっているため、すぐに見つかってしまうのである。

そうなると、ネガティブなことを書かれた側は、「尾ヒレがついて広がったらどうするんだ！」と激怒し、削除を要請してくる。場合によっては裁判になる。もともとネットニュースを始めた理由も「ＰＶが取れるから」「サイト訪問を習慣化させられるから」なわけであり、編集者は別にジャーナリズム精神の塊というわけでもない。これが（娯楽系）ネットニュースと既存の新聞などジャーナリズムとの違いである。

だから、私は「ジャーナリズムは巨悪をたたくべし！」などと思ってもいないし、「弱者を救いたい！」などともまったく思わない。

さらに「1PVは1PV」ということばがある。これは、「内容が良かろうが悪かろうが1PVの価値は同じ」という意味だ。広告費獲得のためにはとにかくクリックさせればよいということを意味している。しかし、この「1PVは1PV」には負の部分もたくさんある。自戒も込めて言うが、記事の質は明らかに既存の新聞や雑誌よりも低い。それは、「取材をしないで書く」ことにある。

誰かのブログが炎上していたり、どこかの芸能人がツイッターで過激発言をしていたり、犯罪自慢をしている高校生がいた！　など、ネット上にある過激なネタを拾い、さらにはそれに対するネット上のコメントを拾って記事が一本できあがり、というサイトもいくつか存在する。そして、これらの記事が結構なPVを稼ぎ、個人のブログなどを含めネット上のさまざまな場所へ波及するのである。

新聞記者が危険な思いをしてガザ地区の取材をして、その模様を記事にしてもPVが稼げず、「ツイッターで早大生が『テスト中に隣の人が答案を見せてくれた』と発言→教授の東浩紀に見つかり、カンニング行為が発覚‼」といったネタが多くのPVを稼ぐ。「芸能人の○○がブログですっぴんを披露！」といったネタも確実にPVを稼ぐ。

こうしたネタは実際に読んでみれば面白かったり、ファンにとっては嬉しいものの、新聞記者や雑誌編集者からすれば「手抜き記事」であると感じられることだろう。しかし、至上命題が「手間をかけずにPVを稼ぐ」である以上、この安易な方向に走りがちである。

また、ネット上で発生しているもめごともニュースになることが多いが、これは無駄な対立を煽り、さらにはその当事者がブログやサイトを閉鎖する事態にも陥る。私自身は、記事掲載にあたってこの二つは守るようにしている――「炎上情報は出さない」「特定個人同士が対立していることを名指しで書かない」。

２００６年から２００７年にかけては両方ともやっていたのだが、ＰＶも増加し、影響力も増えてきた今はこれらはやらない。その対象からクレームを受けるからという理由だけでなく、他人の不幸でＰＶを稼ぐことに後ろめたさを感じているからだ。

クリックされるネットニュースの作り方

さて、自戒はしていると宣言したものの、ここから、ネットニュースを作る手順を現実的な視点から書く。原則は「1PVは1PV」に従うことである。

①取り上げるネタ（PVが取れる記事）の特徴をつかむ

76〜77頁で挙げた「ネット文脈に合ったネタ」に準じる。特に高いPVを取れるトピックスは以下のとおり。

「テレビ番組に関するもの」「女性芸能人がブログですっぴんや胸の谷間を披露」「韓国・中国VS日本を煽るもの」「タバコの増税など論争を呼ぶもの」「芸能人の結婚・離婚などステータスの変更」「芸能人・スポーツ選手によるスキャンダル・逮捕」「ダイエット」「モテる人、モテない人の特徴」「恋愛関連の話」「芸能人による病気の告白」「職場の飲み会の是非などライフスタイルに関するもの」「コンビニ商品」「安い店の紹介」「高過ぎるものの紹介」「美人・巨乳」「年収に関する話題」「地方VS都会を煽るもの」

一方、PVを取れない記事は「海外情勢」「サブカルチャー」「テレビでオンエアされないスポーツ（WBCなどを除く野球ネタ・W杯以外のサッカーネタ）」「企業のメセナ関連の取り組み・エコ」などである。

この「ウケる記事・ウケない記事」はモバイルとPCでも異なり、モバイルは圧倒的に芸能・恋愛が強く、ＰＣで多少の人気があるガジェット系（ツイッターやｉＰａｄなど）もあまりクリックされない。全般的には性的なものや恋愛ネタ、お金に関する情報が強い。
これら基準に従って記事を出すわけだから、サイトにはＢ級ネタだらけになるのだ。すべてはＰＶのためなのである。

②見出しの付け方を工夫する

基本的には、記事の中から最も人の目を引くであろうと思われる部分を25文字程度の見出しに持ってくるべきである。例となる記事をあげる。

「女性お笑いコンビ、アップルパインのみほ（29）が、中学校時代に乳首がとれた過去があることをブログで告白している。『中学2年のとき、ドッジボールで男子の強いボールをジャンピングでとったら、ちくびが取れたんです』というみほ。しかしその後、親や友達にも言えずに一人で毎日真剣に悩んでいると、ある日突然、乳首が生えてきたという。ウィキペディアにもこの乳首のエピソードが書かれており、それによれば、現在は『前方後円墳』の形をしているという」

この記事に対して私が付けた見出しは、「**女芸人　中学2年生で乳首失うが、その後復活**」である。これが典型的なネットニュースの見出しの付け方である。

なぜ、「女芸人」にしているかというと、文字量制限（私のサイトの場合は25文字）があること、「アップルパインのみほ」がそれほど世間から知られていないからである。認知度が低いだけに名前を書けなかったのだ。さらには「女芸人・みほ」でも一体誰のことか分からないため、「女芸人」にした。さらに、誰だか特定しないことにより、「鳥居みゆきや友近といったメジャーな芸人かな」と読者に想像させ、クリックしてもらうことを狙ったのだ。

本当は「美人芸人（B82）中2で乳首失うが、その後復活」にしたかったところだが、これはさすがにエロ過ぎるので自粛した。B82は、「バスト82センチ」を意味する。

続いてはこの記事だ。まずは内容から、皆さんも見出しを予想しながら読んでいただきたい。

「あらゆる平均.com」が「【都道府県別】平均労働時間を大公開！」している。この数値は、厚生労働省の出した賃金構造基本統計調査の平成21年度調査から、所定内実労働時間＋超過実労働時間で総合的な労働時間を計算して算出されたものである。1位から10位は以下のとおり。

「佐賀181、長崎181、熊本181、鹿児島181、北海道180、愛媛180、青森179、福井179、愛知179、香川179」。このように、上位4県はすべて九州地方の県となった。

一方、全国の平均労働時間は176時間。また、労働時間の少ないトップ5は「大阪174、神奈川173、兵庫173、東京172、京都172」と軒並み人口の多い都府県が名を連ねている。

これに対しネット上では「うそっ！　東京仕事してねぇーーーーー」「この結果は意外！」など驚きの声もあがっている。

この記事の見出しは**「最も働くのは佐賀の人　働かないのは東京・京都の人」**としたが、実際のところ、181時間働いているのは長崎、熊本、鹿児島もそうなのである。だったら記事の中身を最も的確に表すのは「九州人は仕事熱心　佐賀、長崎、熊本、鹿児島が全国TOP」だろう。

だが、あえて「佐賀」だけ入れた理由は、お笑い芸人・はなわが歌った曲「佐賀県」により、佐賀県が面白い県であるとの印象があるからだ。「最も働くのは佐賀の人」を見れば、「えっ？　あんな面白い佐賀のヤツらってそんなに働いていたの？」と読者が驚くと思ったのだ。また、日本で一番残業をしていそうな東京の労働時間と、勤勉イメージのある京都が最も短かったことで佐賀との対比をした。

この二つの記事については多少のひねりを加えているが、時には直接的にやることがある。たとえば、「セレブ姉妹」として知られる叶姉妹がテレビ番組のロケでカニを獲ったことをブログで報告した場合の記事の見出しは**「叶姉妹、カニを捕獲」**である。セレブである叶姉妹が「カニ」を「捕獲」したというあまりにも衝撃的な事実はそれだけで十分。加工の必要はない。ただ、事実を述べただけだ。

この見出しの付け方は、宅配で自宅に毎日届く（＝購入済み）新聞とは根本的に付け方が違う。むしろ、駅のスタンドで一面の見出しを見て購入される夕刊紙や東京スポーツと似ているかもしれない。

③炎上・裁判沙汰を避ける

これは、各編集部が明確にルールを決めるべきである。私たちが決めているのは、以下の6点だ。

・特定個人を中傷する内容は書かない（クレームが怖いから）
・記者の主観を書かない（記者の顔が見えると読者からコメント欄でたたかれる）
・不祥事をしつこく追及しない。傷に塩を塗らない（将来的な逆襲が怖いから。放っておけば他社がやる）
・ネガティブな噂話は載せない（「関係者によると」といった表現でネガティブなことを書くと、内部で密告者捜しがはじまる可能性があり、コメントした人に危害が加わる可能性があるから。また、そのコメントが私怨である可能性もあり、信憑性《しんぴょうせい》も分からないため）
・犯罪者の実名を書かない
・人の顔が特定できる写真を載せない

最初の四つはやや臆病な感じではあるが、比較的まっとうな基準だろう。私たちは人数が少ないだけに、クレームを受けようものなら業務が止まってしまう。だから極力穏やかな記事を出しているのである。

犯罪者の実名についてだが、「麻原彰晃」や「畠山鈴香」「市橋達也」「林眞須美」といった、名前が多くの人の頭の中にすり込まれアイコンと化している場合は、さすがに実名を出すが、世間を多少騒がせたもののそこまで大きくは報じられなかった人物に関しては「容疑者の男（35）」や「被告の女（33）」のようにする。訴えられる恐れがあるからだ。

以前、私のニュースサイト内で、1980年代に、とある殺人事件で死刑判決を受けた男性がいたことを振り返った。だが、この男性はその後死刑執行を免れ、出所していた。以後、彼は普通の生活をしていたのだが、私のサイトにその記事があることによって迷惑を被っている、と記事の削除と賠償金の支払いを求めてきた。

最初は「いや、事実でしょ？　昔の新聞に記事出てるでしょ？　ウチらはその事実を述べているだけですよ」と突っぱねたのだが、その後訴えられた。裁判では賠償金の何倍もの金額を求められた。そもそも、これは勝ち目がなかった。

というのも、この男性の名前はとある出版社がウェブサイトに掲載しており、すでに同様の裁判をその出版社に対して起こし、勝訴していたのである。裁判所の見解としては、「紙の雑誌や新聞はそのときなくなればもう見られないが、ネットはいつでもアクセスが可能。よって紙と同じように扱うわけにはいかない」というものがあったのだろう。裁判所は男性の主張を認めた。この判例があるため勝ち目はなく、当初男性が要求した賠償金相当の金額を払い、和解した。

それ以来、私たちは「ありとあらゆるメディアが報じていて、どう考えても出所しても訴えようのないほどの『大物犯罪者』以外は名前を出すのをやめよう」と決めている。「顔写真を載せない」についてだが、これは、「あの記事のあそこに出ている女性は私の伯母である。これは明確な肖像権の侵害である。写真を落とすか肖像権の使用料を支払いなさい」などと読者からクレームが来るからである。

これらを見ると、ネットニュースというものは、かなりクレームを受けやすい存在であるという点がお分かりだろう。なにせ、ネガティブなネタが広がりやすいネットの世界だけに、関係者が知ったり、さらにはクレームをつけたいだけの暇人にとっての格好の遊び場になるからだ。

だから、ネット専門のニュースサイトには硬派な記事が少なく、ただゲラゲラと笑えるものだったり、テレビやネット上で発生している「そこにある事実」を二次的に報じるものが多いのである。まぁ、これらのネタがPVが取れるというのが大きな理由であろうが。

④切り口を重視する

2009年9月18日、日清食品のカップヌードルは誕生から38周年を迎え、記念のサンプリングイベントを東京・渋谷で行った。3万個のカップヌードルを渋谷109前で無料配布し、私たちはこの模様を取材し、記事化した。タイトルは「渋谷でカップヌードル3万個配布　待ち時間最大120分」である。

ここで意図したことは、「カップヌードル38周年　渋谷で3万個配布」では絶対にPVを稼げない、ということである。ネットでしきりと発言する人は、他人を貶《おとし》めるのが大好きだ。だからこそ、私は彼らが貶めるべく「120分」の一言を見出しに入れた。この「120分」に反応し、「バカじゃね」や「ご苦労なこった」や「この貧乏人」などとバカにしたくなるだろう人が続出することが予想でき、記事はPVを稼ぎ、さらには「カップヌードル38周年」という事実も多数の人に伝わるだろうと考えた。

そうすると案の定、高いPVを稼ぎ、ネットの各所でこの記事へのリンクが貼られ、「たかが百数十円のカップヌードルが欲しくて、120分も並ぶ人たちがいるなんて……」など多くの人が書き込み、この記事を話題にした。
ネット文脈に合った「120分」という言葉がアクセスの明暗を握っていたのである。

⑤メディアは飽きやすい、という現実を意識する

メディアの使命として、「とにかく流行りものを出す」というものがある。ただし、一つの問題を追い続けるジャーナリストや専門誌記者はこの限りではない。

2009年冬から2010年春にかけ、ネットニュースを筆頭とし、雑誌、テレビではツイッターバブルが発生していた。とにかく企業や個人がツイッターで何かをやれば大きく取り上げられ、それをツイッターユーザーが「こんなネタあります！」と大騒ぎしていた。いくつか例をあげよう。

・企業ツイッターIDの代表格・加ト吉の宣伝部長が、紅白歌合戦でレミオロメンの歌『粉雪』のサビの部分で「こなーゆきー」と盛り上がるときに「かとぉぉぉぉきちぃぃぃ」とつぶやき、ツイッター上で絶賛された
・フォロワーの人数だけ割引するボードゲーム屋「すごろくや」が登場

・フォロワー人数分割り引く寿司屋「すし処 さいしょ」が登場
・ニセ鳩山総理がツイッター開始、その後本物の鳩山総理もツイッター開始
・史上初のツイッター会見を広瀬香美が行い、「わたしのせいでツイッター落ちちゃった」と発言
・ECナビ ツイッターで新卒採用呼びかける
・福岡の商店街、ツイッターでPR情報を流すなどして町おこし
・ツイッターを使って日本一周旅行を図る女子大生登場
・ツイッターを活用するドラマ『素直になれなくて』開始
・缶コーヒーのジョージア CMで「続きはツイッターで」と告知しツイッター小説への誘導を行う

これらはいずれも当時は取り上げられたが、2010年初夏の頃から「ツイッターを使った」ということではめったにニュースにならなくなっている。

PRといえばツイッターをはじめたがるバカ広報

私は大企業のツイッター使用については、無料キャンペーンやプレゼント企画を除き、あまり効果があるとは思っていない。というのも、多くの企業アカウントを見ても、フォロワー数はそれほど多くないし、上司や広報のチェックがあるがゆえにつまらなく無難な情報にならざるをえないから。ジョークの分かる男・加ト吉宣伝部長の末広栄二（2011年3月で退社を宣言）氏をパクって、ウケ狙いでどうでもいい発言をする痛々しいアカウントばかりだからだ。

個人商店や飲食店が当日のサービス情報や割引情報を出す分には良いのだが、マスに対して情報を発信したい大企業が使うにはツイッターはあまり向いていない。また、地方のスーパーや商店街が利用しようとしているものの、そもそもターゲットとなる中高年の女性でツイッターをやっている人は少ない。どうもツイッターが絡むと誰も彼もがトンチンカンになってくるのである。

2009年春、ツイッターを開始した朝日新聞や毎日新聞がニュースで何度も取り上げられたが、これはまだツイッターをやった大企業がそれほどなかったからである。その後の「豚組」（東京・西麻布の豚料理店）なども同様だ。で、2010年夏以降の段階で「ツイッターで何かやりました」ではニュース価値はもはやない。「ツイッターで有名人が自殺願望をほのめかしました」や「一部上場企業がツイッターで倒産を発表しました」だったらニュース価値はあるが、これらは別にツイッター発でなくてもニュース価値があるものである。

ただし、「ツイッターにそんなこと書くかよ！」や「ツイッターでそんな大事なことを発表する時代になったかぁ」と驚く人は多いことだろう。

今現在、Ｕｓｔｒｅａｍとツイッター、そしてブログの三つは「企業も使っていいんだよね、ね、ね」という状態にあり、企業が積極的に使おうとしているが、これは臆病者の姿勢である。

確かに、ツイッターは「荒れることが少ない」「上品な書き込みが多い」という側面はあり、企業としては使いやすい。だが、皆が使っている中で目立とうとしてもなかなか目立てない。「告知チャネルが増えた」という程度の期待値であれば良いのだが、ツイッターを使って爆発的な話題を作ろうとするオーダーばかりなのである。キャンペーンの中核にツイッターを使いたがる企業も多い。もし本当にネットで話題化したいのであれば、それなりの「種まき」はしておかなければならない。ここでいうところの「種まき」は「ネット文脈に合った面白いことをする」ことである。

数年前まではミクシィも同様だった。プロモーションの打ち合わせを企業とすると、今ではすっかりミクシィの名前は上がらなくなったが、もともとクリーンで上品なイメージがあるから企業がプロモーションで話題的に使おうとしていた。だが、これにしても、先にミクシィを使った企業の後を追っかけているだけである。後追いをすることの利点は、効果がなかったとしても「他社もうまくいってないわけですから仕方ないですなぁ、ガハハ」と言えることにある。

仮に、これまで企業が使うものではないと思われてきた「ヤフー！　知恵袋」「教えて！ｇｏｏ」、それに投票サイト「センタク」などを使って炎上した場合には「そんな誰も使ったことないもの使うからこうなるんだ、バカモノ！」と上司から怒られてしまう。そのため、担当者は他人があまり使ったことのないものを使いたがらないのである。

だが、それではニュースにならない、ということを覚えておいたほうが良い。

なぜ小島よしおのユースト中継がイマイチだったのか

では、企業が及び腰になっている別のツール、Ｕｓｔｒｅａｍ（以下・ユースト）はどうなっているのか。例をあげよう。

ＪＲＡが２０１０年8月22日に実施した「ウマラソン」という企画がある。これは、「LOVE AND HORSE」という若者に競馬に親しんでもらうための企画の一環で、芸人の小島よしおが騎手の格好をし、馬の着ぐるみを装着しながら45キロを走るというものだ。プロデューサーは著名放送作家の倉本美津留氏。倉本氏と芸人のマキタスポーツが実況をし、時々エレキコミックやはるな愛といった芸人が応援に駆けつけるというものだった。この模様はユースト界のアイドルで「ダダ漏れ女子」として知られる「そらのさん」によって中継され、実況を観ながらツイートできるようになっていた。

しかし、これはどうもネット風ではない。テレビスターが「安く手軽な生放送手段」としてユーストを使ったように見えるのである。

「有名放送作家に企画を作ってもらって、芸能人を登場させて、芸能人が実況して、途中応援に芸能人が来りゃ人は観るだろうよ。それで、ユースト界ナンバーワンアイドルのそらのさんが中継をすれば、もぉ成功するだろうよ、ガハハ！」といったことを考えていたのではないかと邪推したくなってしまう。

約7時間で小島は完走したが、そんな長時間、低画質で音声も途切れ途切れなユースト中継を観るのは正直つらい。私もテレビ的な構成が果たしてネットでどれだけウケるかを知るために観ていたのだが、視聴人数は最大で約800人。主催者によると総視聴者数は2万8000人だったという。総視聴者の算出方法をツイッターで主催者に聞いてみたところ、「何度か再起動をしたので、その累計です」との返事が来たので、重複もあったのだろう。

8月10日に彼らはツイッターのIDを取得したが、獲得フォロワー数はイベントの段階で約190。あまりにも少ない数だ。ウマラソン当日が近づくにつれ、彼らは焦っていったのか、ソフトバンク社長の孫氏にPRをしてもらえないかと、同氏と面識のあるそらのさんに頼んでいた。さらに、糸井重里氏、松尾スズキ氏、津田大介氏、毎日.jp編集部、伊集院光氏、ヤフー映像トピックスなどの多数のフォロワーを持つユーザーを軒並みフォローしていた。恐らくフォロー返しや告知をしてもらいたかったのだろう。

今こうして振り返ってみても、これだけの豪華キャストを使ったにしては、閑古鳥が鳴いている感が強い。結局ユーストとツイッターを使うのであれば何でもよかったのだろう。これなら、民放深夜番組の30分企画にし、視聴率1%獲得を狙ったほうがよっぽど良かったのでは、と思うほどのレベルである。

ニュースサイトでの発言をためらう芸人は伸びない

2010年初頭まではツイッター効果があった。しかしそれは「使っている企業のことをメディアが取材した」からにほかならないからで、今さらツイッターをやってもメディアは取り上げない。そこで企業からは「だったら何だったらニュースサイトに取り上げますか」と聞かれるので、一つ例をあげる。

それは、質問サイト「ヤフー！ 知恵袋」（以下・「知恵袋」）で質問をすることである。誰もやったことがない（やったが目立ったことがない）ものはニュースになる。それだけの原理である。

「ウマラソン」の話に戻るが、基本的に同企画の告知はツイッターと公式サイトにゆだねられていた。あとは小島が開催数日前にスポーツ新聞編集部を訪れ、「完走できなかったら引退する！」と宣言して記事になっていた。最近では「24時間テレビマラソン」や「26時間テレビ駅伝」、間寛平の「アースマラソン」のように、走ることによって露出を狙う芸人が見られる。これをパロディ化し、さらにはいつ消えるか分からないと常にささやかれている一発屋キャラ・小島よしおが引退をかけてマラソンをするというネタは、とりあえず芸能ニュースとしては面白い（その後のマラソン中継はさておき）。

この告知としてツイッターを活用したのだが、結果はフォロワー数約190人、最大視聴者数約800である。コンテンツとしての力がなかったのかもしれないが、告知が弱かったのも否めない。ユーストとツイッターに頼りすぎていた感がある。

だったら何が良かったか？　私のニュースサイト編集者としての観点からすると、「ニュースになる企画」は「知恵袋」に小島がこう書くことにあったと考えている。

「小島よしお本人です。8月22日に馬の着ぐるみで45キロマラソンをします。引退をかけたマラソンなので、暑い中、バテない方法を教えてください。あと、芸人人生が終わらないためにどんなことをすればいいかも教えてください」

こう書こうものなら、「知恵袋」のアクセスランキングでいきなりトップを取ることだろう。当然公式サイトのURLかツイッターのIDも明記しておく。

さらに、小島はアクセス数がそれなりにあるブログも書いているため、そこで数万人に対して「すいません、『知恵袋』に質問書きましたので、アドバイスの書き込みお願いします！」とURL付きで呼びかければ、「知恵袋」へのアクセス数はいきなり10万を超え、さらにはアドバイスも数百件は書きこまれただろう。そんな状態になれば、私だったらこんな記事にする。見出しはこうだ。

小島よしお　ヤフー知恵袋で「芸人として生き残る方法」聞く

こんな記事が出たら間違いなく2ちゃんねるに広がり、ほかのニュースサイトもこぞって取り上げることだろう。「小島よしおｗｗｗｗｗｗｗｗｗｗ恥も外聞もねぇってこたぁ、このことだｗｗｗｗｗｗｗ」「全裸で走れ、とアドバイスしといたぞｗｗｗｗ」などの声が出て、「ここで小島よしおからベストアンサーもらおうず」などといった2ちゃんねるのスレッドが立つかもしれない。こうなれば、ますます「知恵袋」の小島の質問を見る人は増え、結果的に15万~20万には到達しただろう。

では、なぜ小島が芸人として生き残る方法を「知恵袋」で聞くことにニュース価値があるのか。それは「名前を大々的に出して、知恵袋を活用した芸人がいない」ということと、「これまで企業や著名人が『使ってはいけないのでは』と敬遠していた質問サイトに登場する」という点、それと「生き残る方法を聞く」というこのヘタレっぷりが面白いからである。

やはり、ツイッターもユーストも、こまめにネタをニュースサイトに「種まき」することが成功のカギだろう。

これまでネットユーザーと企業・メディアの関係について書いてきたが、私はもはや「ネットユーザーにすり寄る」姿勢が重要だと思う。

ビジネス雑誌の代表格・週刊ダイヤモンドは２０１０年1月に「ツイッター特集」を刊行したが、この際は徹底的にツイッターユーザーにすり寄っていた。いや、媚《こ》びていたとさえいえるほどだった。

結局この特集はバカ売れし、増刷がかかったという。その後も週刊ダイヤモンドは「FREE特集」「ツイッターマーケティング入門（ソーシャルメディア特集）」などをツイッターユーザーの投票を交えながら作ったり、積極的にツイッターで告知をするなどして好感度を上げていった。

ソフトバンク社長の孫正義氏もツイッターユーザーにすり寄るのが非常にうまい。NHKの大河ドラマ『龍馬伝』の感想を喜々としながらツイートしたり、ソフトバンクの携帯電話ユーザーから何か要望があると「検討しましょう」「やりましょう」と答える。このオープンな姿勢が大絶賛されている。さらにこの姿勢に対し、「孫氏は『これは良い禿《はげ》』などと言われている」といった趣旨の記事が出たことについて孫氏は「褒められた……」とツイッターに書いてますます好感度を上げていった。

孫社長はそれまでネット上の評判は散々だったが、少なくともツイッター上での孫氏の評判は良い。日本で最も上手にツイッターを活用している一人ともいえよう。

一方、ネットニュース編集長である私のアプローチは積極的に交流する、というよりは、「ネット上のマジョリティの意見が共感するか、怒れるか、笑えるネタを出す」というもの。これが可能になるのはひたすらネットを見続けるしかない。だが、これも「ネットユーザーにすり寄る」姿勢である。

第四章

間違いだらけの企業の情報発信

メーカーのHPは読まれない

第二章でネット文脈について、第三章でネットニュースの特性について述べた。それをふまえて企業が取り組むべきネットプロモーション論を考えると、結論はこれである。

テレビ×ネットニュースは最強である

この意味は「テレビに露出するか、ネットニュースに掲載されることこそが企業にとってはネット上で最強のPR・拡散効果を持つ」ということである。ただし、自分がネットニュースの編集者だから言っているわけではない。別に私は自分の立場を守ろうとも考えていないし（考えているのだったら『ウェブはバカと暇人のもの』なんて本は書かない）、自分のサイトに広告を出稿してもらうべく持ち上げているわけでもない（私はニュースサイト運営会社により、サイト名を明言することを禁じられている）。「ネットニュースはネット上の話題の起点となる」――これはただの事実なのだ。

ソーシャルメディア発でものが売れることももちろんある。それは書籍に多く、書評ブロガーとして名高い小飼弾氏のブログで紹介されたら書籍がドーンと売れることはもはや事実。だが、これは小飼氏がそれだけ著名人であり、かつ信頼されているからである。もはや「マスメディア」といっても良い。同氏のブログはそこらへんの企業のＨＰよりもＰＶが高いのである。

また、２００９年3月、2ちゃんねるで「3月10日に本屋で麻生太郎の本を買おう！」という運動が発生し、麻生太郎元総理の著書『とてつもない日本』がアマゾンのベストセラーランキングで1位となったことがある。

２０１０年1月に発売された週刊ダイヤモンドの「ツイッター特集」がバカ売れしたことや、『もし高校野球の女子マネージャーがドラッカーの「マネジメント」を読んだら』が１００万部超えのベストセラーになったのも、きっかけは著者がもともと著名ブロガーで、ネットでの支持を多数獲得していたからといえよう。

これらはソーシャルメディア発ともいえるかもしれないが、めったにないミラクルであり、多くの人による善意があっての結果である。

無数の企業が自社の話題をネットで拡散しようと頑張っているが、これらの成功ケーススタディをなぞってそのとおりの結果が出ることを期待すべきではない。これらは偶然性が左右するからだ。企業の情報発信というものは、他人に期待すべきではないのである。自分の会社でネット文脈に合った情報を出し続け、それをネットユーザーが拾ってくれ、そして広げてくれるのを待つべきだ。

もちろんアプローチをしても良いのだが、アプローチをしてもらうには、当然ネット文脈に合った情報を自社サイトにアップしておかなくてはならないので、拡散のキーは結局「企業が出す情報の面白さ次第」ということになる。

ユーザー参加型の「ラ王」「ツイッターおむすび」

たとえば、2010年7月、日清食品のカップラーメン「ラ王」が8月2日をもって製造を終了すると同社は発表。ラ王にお別れをする「ラ王追湯式典」を7月30日から特設サイト上で行い、多くの人がこのことについてネットに書き込み、「ラ王追湯式典」に参加した。ツイッター経由で参加する人も多かった。

ニュースでもこのことは多数報じられた。そして、生産終了を惜しむ声など約20万件が特設サイト上に寄せられ、ネットの各所で「次の商品は麺四郎じゃないのか？」などと予想され盛り上がった。

もともとラ王は漫画『北斗の拳』に登場するキャラクター「ラオウ」にかかっていることだろう。そんなラ王の製造が終わることによって、同作の主人公である「ケンシロウ」にかけた「麺四郎」が登場すると思われたのだ。

だが、日清食品は8月24日にラ王が9月6日に復活すると発表。またもや話題となった。だが、このときはさすがに「オレオレ詐欺」にひっかけ「終わる終わる詐欺」と揶揄《やゆ》されたり、「裏切られた」と怒る人も登場した。だが、どちらも面白いといえば面白いため、ネット上でかなり話題となった。

また、ファミリーマートは9月7日から「twitter on おむすび」と題し、食べてみたいおむすびをツイッターで書くキャンペーンを実施した。これは、ツイッター上で一次審査を行い、ファミリーマートのウェブサイトで人気投票を行い、11月に実際に商品化されるというものだった。

これは、自分のアイディアが商品化されるというワクワク感で多くの人が参加した。賞品も用意されたため、人々に十分なメリットを与えているのである。だからこそ好意的に取り上げられたし、多数の参加者が出たのだ。

この手のユーザー参加型企画には、アメリカでは炭酸飲料の「マウンテン・デュー」の新フレーバーを投票する、というものがあり、これも大いに盛り上がった。

といっても原則論をいうと、ごく一般的な市井の人によるソーシャルメディア発の情報はあまり拡散しない。たいていの場合、ネットで広がるもののネタ元はニュースサイトが報じたニュースか、テレビでオンエアされたものである。

だからこそ、ソーシャルメディアのユーザーに自社の情報を書いてもらいたい場合、手っ取り早いのはニュースサイトに取り上げられることである。

第三章で紹介したように、多くの人が何らかの形でネットニュースには接していることだろう。大手ポータルやSNS、ブログサイトには必ずといって良いほどニュースが付いている。これは、ニュースがPVを稼げる武器であるからにほかならず、人の目に留まるし、興味を持たれるし、ブログに書く題材になるからニュースがついているのである。

だからこそ私はネット上で情報を拡散したい、という企業からのオーダーを受けた場合に、「ネットニュースに取り上げられる方法」を提案するのである。

キレイなブランドイメージよりも「B級ネタ」

ネット時代は「企業」→「一般ネットユーザー」の流れで情報を流すのも当然アリなのだが、前出「ネット文脈に合ったネタ」の①〜⑪を出せるか否かが勝敗を分ける。大企業に特に多いのだが、「そんなB級ネタはわが社からは出せません。メディアが書く分にはまだしも……」と自らB級なこと、バカなことを言うことを拒否する。

ネットでウケるのは、しつこいようだが①〜⑪なのだ。これらの情報を出せないのに、いきなりソーシャルメディアのユーザーに書いてもらうことなどカネでも払わぬ限り無理である。「ラ王追湯式」や「ファミリーマートがおむすびのアイデア募集」「ガリガリ君売り切れ」は面白かったため、ユーザーは進んで書いてくれた。こうしたことをやらぬ限り、ユーザーは書いてくれない。

また、ブランディングはB級商品（身近なもの、安いもの、面白いもの）やキャンペーンでない限り難しい。「働く女性の健康と美を応援する○○化粧品」などのきれいごとだらけのマス広告とネットプロモーションは、別ものであるべきなのである。

それに、意図せざる形でネットでは情報が拡散しやすい。たとえば、化粧品会社のＨＰに出ている女性がたまたま巨乳だったりしたら、「○○化粧品のサイトのねえちゃんが巨乳で勃起しそうな件」など、男性が2ちゃんねるやツイッターに書いたりするのだ。とにかくネットで情報を統制することなどできない。あくまでも企業の側は「こんなもんあるんですけど、どうですか。あなたのブログのネタになりますかね」のような姿勢で情報発信をすべきだし、その後何を書かれても「『○○化粧品のサイトのねえちゃんが巨乳で勃起しそうな件』なんて書かれちゃったゾ！　消させなさい！」などの対応を取るべきではない。それはもう仕方ないのである。

もう広告に芸能人はいらない

ここでおさらいとして、ネットで話題化するために重要なことを箇条書きであげる。

①76～77頁「ネット文脈に合ったネタ」に準じた情報を発信する
②ネット文脈に合わない商品のブランディングは難しいということを理解する

③マス広告とネット戦略を強引に連動させる必要はない（ネットはユーザーが好き勝手に情報を発信するカオスの世界であり、そこ独自の文化が存在するため）
④ネットで何を書かれても気にしない。あまりにひどい風評被害を受けた場合は直接執筆者にクレームをつけるか、自社HPで否定の声明を発表する
⑤ユーザーの善意に期待しない。ネットユーザーはそこまであなたの会社のことを気にしていない。たまたま好意的に書かれたらラッキーと思うべき
⑥コピペ（コピー&ペースト）されてなんぼ。文字をJPEG化したり、画像プロテクションをしたりすべきではない。画像を貼る場合は、画像の説明をテキストで埋め込む
⑦ネットはテキスト文化がまだ強い。今はテキスト重視でいくべき。制作費を安く抑えられるのも良い

③を補足すると、マス広告で芸能人を含めた著名人を使った場合、ネットでは彼らを使うべきではない。一つ目の理由は、芸能人がそこにいるからといって別にファン以外からは見られないからだ。その芸能人が「何をそこで言うか」が問題なのである。たいていの場合、広告で芸能人はあまり面白いことは言えない。それは企業の事情であり、事務所に

よるイメージ管理の問題である。だが、ネットでウケるためには前出①〜⑪の何かを言う必要があり、いちいちその芸能人に言わせる（書かせる）内容を事務所とすり合わせ、何度もNGチェックを受けることとなる。そんなプロセスを経てHPに掲載された情報が面白いわけもなく、そんなものはファンから以外はクリックさえされないだろう。

また、⑥とも関係してくるのだが、ネット上では自社の宣伝関係のネタはコピペされたほうが良い。

私もネットニュースをはじめた当初は個人がブログや2ちゃんねるにコピペすることに「もぉ！　勝手にやりやがって、この野郎！」などと思っていたのだが、彼らは律儀にリンクをつけている。「元ネタはここですよ」をほとんどの人は明示しており、それらのリンクをたどって私のサイトに来る人もかなり多い。途中からはそれも良し、とむしろ感謝しているし、今では「ガンガンやってくれ」と思っている。

リンクが貼られれば貼られるほどSEO対策にもなるのだ。だが、芸能人の場合は、勝手に発言をコピペされ、それをゆがんだ形で紹介されたり、あとは写真を使って卑猥《ひわい》なアイコラ（アイドルコラージュ＝顔は芸能人Aだが、首から下が誰か別人の全裸だったりするもの）を作られたりしてたまったものではない。そうしたリスクを気にしない事務所はめったにないし、気にしないような事務所が売っているタレントは売れている人ではない。何でもOKな人は、とにかく露出機会を増やしたい人でしかないので、タレントパワーも小さく宣伝効果は薄い。そして、何しろ、芸能人との契約期間が終わったらそのコンテンツは削除しなくてはいけないため、ネットのアーカイブ性（情報を溜めておき、いつか検索されること。詳細は後述）を活かせないのである。

つまり、企業にとってのインターネットとは、「本来勝手気ままにいろいろでき、時に失敗も含め実験さえできる場所」であるべきなのだ。自社メディアであるにもかかわらず、誰かに気を遣いまくり、その挙句につまらなく、クリックされないコンテンツを出さざるをえないことほどバカげたことはない。

これが自社HPに芸能人を含めた第三者を入れるべきではない理由である。

読まれる記事は見出しで決まる

さて、ネットニュースに取り上げられる情報を発信すべし、という提案を私はしているが、そこでやるべきことは実は二つしかない。

①ネット文脈に合った広報活動

②自社HPの充実

二つしかないと書いたが、いうなればクラシックな「広報活動」だ。

ただし、これまでの広報活動と違うのは、「ネット文脈に合ったもの」「ネットニュースで取り上げられそうなもの」を情報の「切り口」「見出し」にすべき点である。

さて、企業による代表的な情報発信方法といえば、プレスリリースだ。このプレスリリースに書かれた内容をネットニュースに掲載してもらいたいのであれば、内容・見出しをネット文脈に合った形にする必要がある。

たとえば、2009年4月17日、UCC上島珈琲は「ブルボンポワントゥ」というコーヒーを発売した。同商品の場合、特徴は五つある。

①フランス領・レユニオン島でしか採れない幻のコーヒー豆である

②ルイ15世や文豪バルザックらが愛したコーヒーである

③UCCのコーヒー再生事業で復活したコーヒーである

④1年に1回だけの限定販売である
⑤100グラム 7350円（税込）である

同社プレスリリースでは「フランス・レユニオン島産の『幻のコーヒー』 3年目の収穫に成功！ UCCが『ブルボンポワントゥ』を1年に一度だけの限定発売開始！ 100グラム7350円のスペシャルティコーヒーをプレミアムパッケージにて4月20日より予約受付開始！」とあった。

この商品はヤフー・トピックスにも掲載された。その際の13・5文字の見出しには「今年も100グラム7000円のコーヒー」と出た。

なお、その1年前である2008年のプレスリリースでは「仏領レユニオン島で65年前に途絶えた幻のコーヒーの第2回目の収穫に成功！ 『UCC ブルボンポワントゥ（豆）100グラム』 2000セット数量限定発売！ 発売記念として、仏の老舗ショコラティエ『サロン・ド・カフェ ボワシエ』にてオリジナルメニューを提供」というのがプレスリリースの見出しである。こちらはヤフー・トピックスには取り上げられていない。

両年とも、本文中では①〜④をすべて言い、⑤の「価格」については商品概要のところで触れられている程度である（2008年は5250円）。だが、ヤフー・トピックスの見出しは「今年も100グラム7000円のコーヒー」であり、同社が本当に言いたかった①〜④は採用されていない。

プレスリリースというものは、たいていの場合、流し読みで終わることが多い。特に、少人数で記事の執筆・編集を行っているネットニュース各編集部は見出ししか見ないことも多いだろう。そうなったときのために、ネット文脈にあった部分を見出しに入れておく必要があるのだ。

ブルボンポワントゥの2年間のプレスリリースは、2008年・2009年ともに「レユニオン島の幻のコーヒーの収穫に成功」「限定発売」は共通だ。だが、三つ目の項目として、2008年は「仏の老舗ショコラティエ『サロン・ド・カフェ ボワシエ』にてオリジナルメニューを提供」が採用され、2009年は「100グラム7350円」となっている。

果たして、どちらをクリックしたいだろうか。「サロン・ド・カフェ ボワシエ」は2008年の目玉だったのは間違いないが、よっぽどの食通かグルメ雑誌の編集者ぐらいしか知らないことだろう。そのように一部の人しか分からないものを見出しに持ってくるより、「100グラム7350円」の方を読みたくなるのは自明だ。

ヤフー・トピックスに掲載された記事はオリコンが書いた記事が配信されたものだったが、書いた記者も「えっ？　100グラム7000円!!!!　マジかよ!　何なのそのコーヒーって!」と単純に思ったことだろう。私も自分のサイトでこのリリースを元にした記事を書いたが、最初に「えっ？　オレが飲むコーヒー豆なんて、100グラム398円だぞ!　どういうことだよ!」と思い、リリースをじっくり読むと、どうやら希少種でいったんは絶滅したもので、昔の身分の高い人が好んで飲んでいたことが分かり、100グラム7000円の根拠を知ることができたのだ。

企業による情報発信というものは、とかく「自社の言いたいこと」を書きがちである。だが、それは本来読んでもらいたい読者が読みたいものとは違うのだ。UCCも本当は、
①フランス領・レユニオン島でしか採れない幻のコーヒー豆である
②ルイ15世・文豪バルザックらが愛したコーヒーである
③UCCのコーヒー再生事業で復活したコーヒーである
④1年に1回だけの限定販売である
の4点だけを記事内で積極的に取り上げてほしかったことだろう。だが、実際のところ、

ネットユーザーはフランス・レユニオン島がどこだか分からないし、ルイ14世は分かるがルイ15世が何者かは知らないし、バルザックの著作など読んだことはない。「ドラゴンクエストⅣの第四章の中ボスにバルザックってヤツいたな」などと思われるのがオチだろう。UCCのコーヒー再生事業だって別に一企業の活動でしかないからコーヒーマニア以外にとってはどうでもいいし、限定販売は確かに希少性はあるものの、「1年に1回」ということにはあまり価値はない。

そもそも、何やら分からないコーヒーが1年に1回だけの限定販売をしたからといってもそれはほとんどの人にとってはどうでもいいことなのである。①〜④はUCCにとってはこれまでの苦労と努力の結晶であるのは間違いない。だが、それはあまりにも「一般人に伝わりにくい努力」なのである。

だが、「100グラム7350円」は多くの人間に衝撃を与える分かりやすい事実だし、突き詰めてみれば、①〜④の根拠になるものなのだ。「100グラム7350円である」ことを見出しに持ってきて興味を持たせ、実際に記事を読んでもらうと①〜④のことが理解できるようになっている。

ネットニュースでは、まずは読んでもらうことが大事なのだ。そして、読ませるためには前出「ネット文脈に合ったネタ」に従った情報を前面に持ってくる必要がある。

広報部員は、ブランドや商品の担当者、営業から「違うんだよ！ そんなのがウリじゃないんだよ！」などと言われてしまうかもしれないが、「ネットユーザーが読みたいのはこの部分です」と明確に言い、反論しなくてはいけない。

なぜなら、商品担当者や営業はあくまでも「製品のユニークな点」「画期的な点」だけを言いたいわけで、「何が世間的にウケるか」は考えていない。広報担当者に「お前はポイントがずれているんだよ！」と怒りたくなってしまうのだ。

だが、広報担当者やウェブサイト制作担当者が記者や読者が興味を持ちそうな切り口を主張することは、情報発信のプロとして当然持つべき矜持《きょうじ》で、毅然とした態度でブランドや商品担当者、営業を納得させなくてはならない。

「広報調べ」の調査結果はツッコミどころ満載

ここで、実際のプレスリリースをネット文脈に合った見出しに変更してみよう。

２０１０年、８月16日に森永乳業が出したプレスリリースである。商品概要にまつわる本文は以下のようになっている。

メイン見出し

「森永乳業、新感覚スイーツ『あんこ&カスタードプリン』と『あんこ&ミルクプリン』をリニューアル発売」

サブ見出し

「和菓子の定番『あんこ』と洋菓子の定番『プリン』を組み合わせた新感覚2層スイーツ『あんこ&カスタードプリン/あんこ&ミルクプリン』8月17日(火)よりリニューアル発売」

本文

森永乳業は、『あんこ』と『プリン』を組み合わせた新感覚のスイーツ「あんこ&カスタードプリン」、「あんこ&ミルクプリン」の2品を8月17日(火)より全国にてリニューアル発売いたします。

中高年層を中心に人気の高い和菓子ですが、近年「健康に良い」「限定感がある」というイメージから、若者の消費も増えていると伝えられております(出典/全日本菓子協会)。

週に1回以上、プリンを喫食する〝プリンのヘビーユーザー〟の方にアンケートを実施したところ『「あんこ」の好意度』では、85％の方が「あんこ」が好きと回答し、『よく食べるプリンフレーバー』では、第1位がカスタード味、第2位がミルク味という結果になりました（森永乳業調べ、２００９年9月実施）。

そこで、今年3月に和菓子の定番である「あんこ」と洋菓子の定番である「プリン」の人気フレーバー上位2品を組み合わせた「あんこ&カスタードプリン」、「あんこ&ミルクプリン」を発売、『すっきりとした甘さ』『新しい組み合わせ』などとご好評いただきました。このたび、和素材をより感じられる味わいに改良し、リニューアル発売いたします。


これはすでに「あんこ」「プリン」といった一般の人が興味を持つような内容ではあるものの、もう少し「オッ！」と思わせる必要がある。

森永乳業が書いたプレスリリースは確かに必要な情報はすべて書かれているが、「メイン見出し」と「サブ見出し」に書かれている情報がかぶっている。限られた文字数の中で情報がかぶると、もったいない。

そこで活用したいのが、森永乳業が「プリンのヘビーユーザー」を対象に行ったアンケート調査の結果である。これを利用して、フォーマットに合わせてメイン見出しとサブ見出しをネット用に書き換えてみる。

メイン見出し

「『若者のあんこ離れ』離れ　森永乳業、新感覚スイーツ『あんこ&カスタードプリン』と『あんこ&ミルクプリン』をリニューアル発売」

サブ見出し

「プリンヘビーユーザー調査の結果、『あんこが好き』と答えた人は85%　プリンの人気ランキング1位と2位の『カスタード』または『ミルク』とあんこの2層スイーツを8月17日よりリニューアル発売」

私が書き直した部分のキーポイントは次の2点である。

①「プリンヘビーユーザーの85%があんこが好き」

「プリンヘビーユーザー」ということばを見た瞬間、「一体どれだけ食べるヤツらなんだよ、そいつら！」とまず驚いた。そして、「洋菓子好きと和菓子好きってけっこう重なるんだな」と新たな発見があった。そんな新たな気づきがあったからこそ同商品が発売されたのだから、「ヘビーユーザーが認めたあんこ味」ということを85％という具体的数字とともに出したほうがより説得力はあるし興味を喚起できるだろう。

②「『若者のあんこ離れ』離れ」

2009年から2010年にかけて、ネット上では「若者の○○離れ」というフレーズがブームになった。何かの消費が落ち込むと、メディアはとかく「若者の車離れ」「若者の酒離れ」などと若者に消費の落ち込みの原因を押しつけがちだからだ。これに対し、若者がネット上で「またオレらのせいにしやがって」「離れるも何も、最初から近寄っていないから」と反論するのだ。

そうこうしている内に、「若者の○○離れ」は続々と増えていった。2ちゃんねるのまとめブログ「にっ完スレッドガイド」では「若者の○○離れのガイドライン」という2ちゃんねるのスレッドが紹介され、そこでは「若者が離れてるもの一覧」を揶揄の意味を込めて紹介している。いずれもメディアで「若者の○○離れ」と報じられたか、識者や専門家が「若者が買わなくなっている」などとコメントしたものだ。

そこには「テレビ離れ」「クルマ離れ」「読書離れ」「酒離れ」「新聞離れ」「タバコ離れ」

「旅行離れ」「活字離れ」「理系離れ」「プロ野球離れ」「雑誌離れ」「CD離れ」「映画離れ」「ゲーセン離れ」「スポーツ離れ」「パチンコ離れ」などまではまあ、理解できる。

しかし、メディアはここから暴走を開始する。さすがに「腕時計離れ」「恋愛離れ」「献血離れ」「セックス離れ」「ブログ離れ」「アカデミー賞離れ」「寿司にわさび、おでんにからし離れ」「マラソン離れ」「ガム離れ」はやり過ぎだろう。その後、「かまぼこ離れ」や「海離れ」なども登場した（2ちゃんねらーの拡大解釈もあったが）。

私もこの流れに便乗し、自分のニュースサイトで「若者の○○離れ」を指摘した記事を出したことがある。それは、2009年秋に「やさしい気持ちになれる」といった理由で売れたという男性用ブラジャー（メンズブラ）の販売企業が倒産した時のものだ。

「男性ブラ製造者破産で『若者のメンズブラ離れ』の声」で、本文は以下のとおり。

男性用ブラジャーを販売する企業「峰」が1月末までに事業停止し、破産手続きに向けた準備に入ったという。昨年1月には地元紙で「全国から注文が殺到」と取り上げられ、直営店のほかネットでの通信販売も手がけ、5月期には約1億3500万円の売り上げを計上していたが赤字に急落。現在はブームが下火になっているというのだ。

このニュースに対して、「若者のメンズブラ離れ」といった最近ネット上で何かと語られる「若者の○○離れ」に引っ掛ける人が登場した。

このニュースでは別に私たちの主観として「メンズブラ離れ」を指摘したわけではなく、ネットユーザーがメディアを揶揄する目的で「若者のメンズブラ離れ」と書き込んだことを紹介しただけである。

だが、この「若者のメンズブラ離れ」はすぐに2ちゃんねるに飛び火し、さらにはWebR25が「『若者の○○離れ』の新星『若者のメンズブラ離れ』登場」と後追いし、さらに2ちゃんねるで盛り上がり、2ちゃんねるのまとめサイトへ波及した。

そのときのコメントには「若者のメンズブラ離れ　わろたww」と笑う人のほか、「いや、離れるも何も……そもそも本当にブームになってたのか？」と指摘する人も出た。「若者の○○離れ」について長く語り過ぎたが、「若者の○○離れ」にまつわる情報を出しておけば、ネットユーザーが「またやってるわ」と話題にしてくれるということを言いたかったのだ。

ネット上で多数語られるものというのは、その時どきのブームが常に存在し、その流れを読んで、企業も情報発信をするとバイラルが起きるのである。グーグルで「若者の○○離れ」と入力すると、２０１０年10月1日現在、２４１万件もヒットする。

今回私が例としてあげた森永乳業の場合は、プレスリリースの「中高年層を中心に人気の高い和菓子ですが、近年『健康に良い』『限定感がある』というイメージから、若者の消費も増えていると伝えられております（出典／全日本菓子協会）」の部分が気になったため、メイン見出しに「『若者のあんこ離れ』離れ」を入れたのだ。「中高年層に人気」なあんこは深読みすれば「若者のあんこ離れ」が過去にあったわけで、それが「若者の消費も増えている」のであれば、「『若者のあんこ離れ』離れ」と言えよう。

もし、普段付き合いのある記者クラブやマジメな媒体にこのようなプレスリリースを送るのをためらうのであれば、冗談が分かり、ライトなB級ネタを出すのが好きなニュースサイト用に見出しを変えるだけでも私はアリだと考えているし、自分がプレスリリースを書く場合はそのようにすることもある。

「巨大タワー化」するハンバーガーの狙い

森永乳業は「面白い部分を抽出する」「時流に乗る」ことをプレスリリースに当てはめた例だが、その一方で、何をしてもネットニュースに取り上げられる企業もある。その一つがマクドナルドである。その理由は、マクドナルドが多くの人から好かれているからであり、常にその一挙一動が興味を持たれているからである。

ここで重要なのが「主体の人気度」である。ネットニュースの場合、「○○が××をした」の驚きが大きければ大きいほど記事化されやすく、さらに時事性があればもっと取り上げたくなる。これは、

主体の人気度×ギャップ（驚き）×時事性＝ニュース価値

の公式で表すことができる。

たとえば、日本マクドナルドは2010年8月13日に同社の主力商品「ビッグマック」を通常価格の290～320円から200円に、期間限定で値下げすると発表した。これは各種ニュースサイトが取り上げ、ブログやツイッター、2ちゃんねるでも大騒ぎとなったが、これを公式に当てはめるとこうなる。

いずれの項目も100点満点で、「時事性」はボーナスポイントと捉え、最大2倍とする。

マクドナルド（80点）×ビッグマックが200円になる（70点）×円高・不況の時代（1・15倍）で＝6440点

これが「ビッグマック200円！」のネット上におけるニュース価値と言えよう。ボーナスポイントを1・15倍とした根拠は「何となく」である。

また、その同時期にロッテリアが「トマトホットタンドリーチキンサンド」を発売したが、これはこのような式となる。

ロッテリア（50点）×トマトホットタンドリーチキンサンド発売（40点）×暑い夏、辛いものを食べたい（1・08倍）＝2160点

これは「ビッグマック200円」よりは相当低い。だからといって、ロッテリアはネットで注目されにくいということではない。ロッテリアが2010年5月に10層のパティと

チーズを積み上げた巨大バーガー「タワーチーズバーガー」(1060円)を発売した時は、相当ネット上で盛り上がった。

この時期は大盛り料理に関心が高まっていたほか、Windows7が2009年10月に発売されたとき、秋葉原にあるバーガーキングが「Windows7 WHOPPER(ワッパー)」という、パティが7枚入った巨大ハンバーガーを作って話題となっていたことも背景にある。さすがに二番煎じの感はあるものの、バーガーキングの7枚を超える10枚のインパクトは十分である。これはこうなる。

ロッテリア(50点)×タワーチーズバーガー発売(80点)×Windows7バーガーを超えた・大盛りブームの時代(1・3倍)=5200点

このように、自分の会社がネット上でどのような人気があるのか。そして、自社の取り組みや新製品はネット上のブームや時事性に合っているのか、などを明確に見極めなければならない。それらを知るには、それこそ私のようにネットオタクとなって、一日中ネットばかり見ておく必要がある。

いや、そこまではやらないで良いが、情報の核となるサイトをいくつかブックマークしておき、それらを毎日数回は必ずチェックするようにすると良いだろう。すると、自然と「若者の○○離れがブーム」や「マクドナルドのほうがロッテリアよりも圧倒的に人気がある」など、ネット上の世論の傾向を知ることができる。

ネットでウケる広報活動はSEO対策に勝る

第三章に書いたネットニュースに取り上げられる最大のメリットの一つにSEO対策がある。検索エンジン・グーグルのアルゴリズムの詳細は私たちには分からないが、「信頼できるサイトからリンクを貼られると上位に表示される」ことは間違いないだろう。ニュースサイトはその「信頼できるサイト」に相当し、さらに、ニュースサイトに掲載された記事は他社サイトに配信されたり、多くの人がブログに転載したりすることで、リンクを増やすこととなる。「被リンクが多いサイトは信頼性が高い」ということで、これまた検索結果において上位に入る一助となるはずだ。

この4年間以上、ほぼ休みもなくネットを長時間見続け、実際にPVを取るビジネスを行い、プレスリリースを執筆してはメディアに送る仕事をしているが、そうするとネットニュースに取り上げられることこそ、「ネットで話題」になる近道であるとつくづく実感する。しかも力を入れたウェブサイトを作ったり、ネットユーザーを巻き込んでイベントをやったりするよりも、値段を随分と安く抑えられる。必要な能力は「**ネット文脈の理解**」であり、「**それに従った情報発信技術の習得**」だけである。

たとえば、前出エステーの場合、2010年8月14日、グーグル検索で「月9 CM」と入れると、1ページ目に同社関連のCM情報が7件入っている(1~3位、6~9位)。月9のスポンサーにはほかにもトヨタ自動車やNTTドコモといった多額の広告予算を持つ企業が入っているが、彼らを押しのけ、広告予算の少ないエステーが「月9 CM」の分野では1ページ目を実質的に支配しているのだ。

企業の人々と会うと、「SEO対策として、SEO会社に毎月30万円払っている」などと聞くことが多い。私の感覚では、SEO対策をやるのも良いが、むしろ広報活動を頑張って、多数のネットニュースに取り上げられるほうが効果的だろう。

ここまでニュースサイトやソーシャルメディアに取り上げられる方法について述べてき

たが、続いては企業が自社ＨＰに誘導する方法である。これは「大人の復権」「プロの復権」がキーワードであると私は考えている。

この二つに込めた意味を解く前に、２００９年6月、ネット上に大波紋を読んだ「梅田望夫氏による『日本のウェブは残念』発言」を振り返ってみよう。

これは、ネットの明るい未来を描いた大ヒット新書『ウェブ進化論』（ちくま新書）著者の梅田望夫氏がメディアニュースの取材に対し、「日本のウェブは残念」と言ったことに端を発している。元来ネットに大いなる期待をしていた梅田氏だが、インタビューではこう発言した。

「素晴らしい能力の増幅器たるネットが、サブカルチャー領域以外ではほとんど使わない、〝上の人〟が隠れて表に出てこない、という日本の現実に対して残念だという思いはあります。そういうところは英語圏との違いがものすごく大きく、僕の目にはそこがクローズアップされて見えてしまうんです」

これについては私も同感である。で、今のネットを見てみると、素人による無責任な書き込みが日々増殖され、それらがグーグル検索の上位に来ることがまかり通っている。ためしに「うんこ、くさい、理由」などと入力してみると、ウィキペディアが表示され、続いて「ヤフー！　知恵袋」の「うんこはなぜくさいのですか?」という質問があり、「いいにおいだと食べちゃうからです」などと書かれてある。

ここで問いたい。企業とは一体何か、と。

企業とは、「その分野における専門集団」である。ビール会社だったら、ビールについては日本で最も詳しい人々だろう。キリン、サッポロ、アサヒ、サントリー――彼らはビールについてはナンバーワンで詳しい人々だ。彼らが「ビールの利尿作用」「ビールは太るのか太らないのか?」などの知識をプロとしてネットにアップすべきなのである。

私は「自分の知っている知識をネットでみんなに共有すべきです！　それが企業としての社会的責務です！」みたいな優等生発言をする気は一切ない。なぜ企業が専門領域について発言すべきかと言うと、ヤフー・トピックスが取り上げる可能性があるからである。

ヤフー・トピックスは専門知識のリンク集

ネットの世界では「ヤフー・アタック」ということばがある。これは、ヤフー・トピックスに登場した記事の「関連リンク」に取り上げられたサイトへのアクセスが殺到し、その企業のサーバーが落ちることである。私の経験で言うと、ヤフー・トピックスに登場した記事の「関連リンク」として紹介された場合、数千~120万のPVを獲得する。

つまり、「自社サイトへの誘導」を達成してくれる最強の場所にリンクを貼ってもらえるということなのだ。

その前にヤフー・トピックスの成り立ちを説明しよう。これは『ヤフー・トピックスの作り方』（光文社新書）著者で、ヤフー・トピックスの編集に関する責任者のヤフー・R&D統括本部編集本部メディア編集部長の奥村倫弘氏としゃべっていたときの会話である。

中川「奥村さん、ヤフー・トピックスの『関連リンク』の役割って、『記事と関連したものでユーザーの役に立つ情報を出すってことですよね？』」

奥村「そうですよ。それだけですよ。広告的な要素は一切ないし、僕らがやりたいことは、『このニュースに関連したサイトにリンクを貼り、ユーザーにより深い知識を得て欲しい』ということだけです」

中川「じゃあ、一般企業がとある分野にすごいデータベースを持っていたら、それはヤフー・トピックスの関連リンクに取り上げられるのですか？　たとえば、『猛暑でビールの売り上げが増加』という記事をヤフー・トピックスで紹介した場合、ビールメーカーが『ビールの適温』とか『暑いときにビールがおいしく感じられる理由』とか『暑い日にビールにピッタリのおつまみ』などを出しておけば、ヤフー・トピックスの編集者は取り上げてくれるのですか？」

奥村　「その可能性はありますよ。だって、僕らはとにかくそのニュースを見た人にとってそのニュースと関連した良い情報を提供したいと考えているんですよ。それが『ヤフー・トピックスを見れば、ワンストップで深い知識を得られる』って思っていただけることにつながり、ユーザーの満足度を高められるからです。ヤフー・トピックスは、あくまでも『ニュースを軸としたリンク集』なのです」

中川　「奥村さんは『ヤフー・トピックスの作り方』で、高知県のオンラインショッピングサイトを取り上げましたよね」

奥村　「そうです」

ここで説明をするが、2009年9月12日、ヤフー・トピックスには「戻りカツオ、不漁で3割高に」という記事が出た。この記事に対し、「関連リンク」には高知県の食材を扱い、土佐料理店を多数経営する「加寿翁《かずお》コーポレーション」による「鰹の豆知識」というページがリンクされた。

同社サイトの主要目的は、通販と運営する料理店の紹介である。だが、鰹の情報も満載だったのだ。これは、素人が書けるレベルの知識ではない。奥村氏は『ヤフー・トピックスの作り方』で、「鰹の豆知識」を紹介した理由をこう説明している。

「オンラインショッピングサイトと言うと、『いまなら送料無料♪』『ポイントも使えてさらにお得!』などといった、何がなんでもユーザーの購買意欲を盛り上げようとする売り文句が踊っている場合が多いのですが、このサイトは違いました。ショッピングサイトですから、売り文句がないわけではありません。しかし、このサイトを特長付けていたのは、土佐料理の代表格である鰹に関する知識を公開していたことです。『鰹の豆知識』というタイトルが付けられたそのページには、鰹の種類や生態、産地と漁法、黒潮の蛇行《だこう》といった項目まで設けられていて、それぞれ要点が簡潔にまとめられていました。

ここで強調しておきたいのは、これを上手なプロモーションとして位置付けることではなく、土佐料理を扱う企業であればこそ、世の中に提供できる鰹にちなんだ知識があり、その知識をインターネットに公開したということです」

ヤフー・トピックスに貼られる「関連リンク」は、あくまでもヤフー・トピックスの「トピックス編集者」が人力で貼っているのである。編集者はネットのさまざまな場所を見ては、「この記事と関連した良い情報の載ったサイトはないかな」と探し、適したサイトを紹介しているのである。

たとえば、岐阜県のある場所で強盗事件の速報ニュースを掲載したときのヤフー・トピックスの「関連リンク」には、事件発生現場近くの警察署のＨＰへのリンクが掲載され、「電話番号も」の注意書きがあった。

恐らく担当者は「この犯人は今も近くを逃げているはず。この強盗の特徴は記事に書かれているし、事件の概要も書かれているので、事件の早期解決に必要なのは、目撃者による情報だ。そんな人々の便宜を図るために、最寄りの警察署のリンクを今すぐ出そう」という判断をしたのだろう。

奥村氏とヤフー・トピックス編集者の方針としては「別にそれが個人だろうが企業だろうが役所だろうがオンラインショッピングサイトであろうが、『良い情報』を出すサイトをわれわれは紹介するだけだ」ということになる。

私はここで奥村氏にさらに聞いてみた。

中川「じゃあ、プロがプロとしての貴重で役に立つ知識をネットに出せば、それはヤフー・トピックスの担当編集者にとっては喜ばしいことですか」

奥村「そういうことですね。僕らとしても、ネット上にプロによる良い情報がたくさんアップされている状態を望ましいと考えています」

中川「つまり、梅田望夫が言った『日本のウェブは残念』ではなくなる状態が望ましい、ということですか」

奥村「そういうことです」

中川「それって『大人の復権』『プロの復権』ってことかもしれませんよね。だって、ネットで何かを検索しても、素人がテキトーな知識をまきちらし、質問サイトにはふざけた質問が並んでいるし、一体何が正しい情報なのかわからなくなるわけですよ」

奥村　「まさにそうです。『大人の復権』『プロの復権』が重要だと思いますよ」

中川　「だって、あの鰹の企業だって、『売らんかな』のサイトではあるけど、情報がハンパなくすごかったんですもんね。あの会社以上に鰹について良い情報を出している会社・個人がなかったからヤフー・トピックスの編集者だってリンクを貼ったんですよね？　ってことは、企業のウェブサイトがより多くの人に見られ、そして社会に貢献し、さらには売り上げにもつながるようなウェブサイトのコンテンツにすればいいってことですか」

奥村　「それが望ましいと思います」

企業がネットで出すべき情報——たぶん、この会話がすべてだろう。企業というものは、「プロ集団」である。

それはありとあらゆるジャンルでそう言える。ビール、日本酒、パスタ、為替、水銀、メガネ、携帯電話の電波が途切れる理由、LEDがなぜ発光するのかの理由……。日本中のありとあらゆる企業がその企業だけにしか知らない貴重な情報を持っているのである。

そして、それらの情報を知りたい人は必ずどこかにいる。

企業というプロ集団にしか出せないネタ

今や死語と化したが、「ロングテールの法則」というものがある。これは、かなり乱暴に解説すると「マイナーな商材・情報でも欲しい人はどこかに必ずいる」というものだ。だから、前述した「鰹の豆知識」なども欲しい人は必ず存在し、プロとしての情報を自社のウェブサイトにアップしておけば、そこには必ず誰かが来て、その情報を知りたい人から感謝されるはずなのである。

場合によってはリンクを貼ってもらえたり、通販ページがセットになっていればそこで買ってくれるかもしれない。キャンペーンサイトへのリンクやバナーが貼ってあればそちらへ飛んでくれるかもしれない。

これは個人でも同様である。第一章で、「特定の分野でのブログでの勝負ももはやついている」と書いた。それはモツ煮込みに関する情報だったりはするのだが、趣味でモツ煮込みの食べ歩きをやっている人、スパゲティナポリタンばかり食べる人、辛いものばかり食べる人など、その人の好きなことを徹底したトップクラスのブログは人気があるものだ。

なぜなら、そのブログはその人が努力を積み重ねて、そして時間をかけて集めた壮大なるアーカイブだからなのである。

「プロ煮込み食べ歩き人」のような職業はないものの、「煮込み」に関してその人はかなりの見識があるため、ネットのフェアな評価によって、目立つことが可能になったのである。

だったら同じことを企業もやれば検索で引っかかるし、ヤフー・トピックスをはじめとした、各種ニュースサイトから取り上げられ、自社サイトへの誘導経路を増やせるのではないか。

具体的にどんな情報をアップすれば良いか、いくつか例を出す。これらは、私がこの4年間出し続けた記事、そして見続けてきた無数のサイトで興味を持たれていたものなどから総合して「ネットユーザーはこんなことに興味があります」ということの結論である。そして、これらの情報を出しておけば、恐らくいつか多数のアクセスを稼ぐことができることだろう。これらはいずれも「多くの人が興味を持つであろう」情報である。

【自動車メーカー】

・車を使ってモテた男の実録体験集公開

・200万円の車を買ったユーザーの年収公開と、ローンを支払い終わるまでの生活の生々しい情報

・「エコカー補助金」以後の販売戦略の考え方

・日本車を買うべき10の理由

・本革シートの優れた点

・燃費向上のための運転技術（これについてはいすゞのHPの情報が素晴らしい）

【コンビニチェーン】

・人気の弁当TOP10

・夏によく売れるアイスクリームTOP10

・コンビニで扱う商品、どんな基準で「棚落ち」となるのか

・一度「棚落ち」状態になった商品が復活することはあるのか。復活要望を出すことは可能なのか

・復活要望を出し、復活させた商品はその後売れ行きはどのようになるか。

・弁当を廃棄する時間の基準は
・商品開発の点数↓何割が採用される？
・コンビニ総研（夏の暑い時期の売れ筋商品や、クリスマス時期の「おひとり様向け消費」が何％アップしたか、など）

【消費者金融】
・（一般論として）取り立ての際、通用しない言い訳集
・どツボにハマった人、無事返済した人の生活スタイルの違いを社員が語る。ここで、「こんな方にはお貸しできません（つーか、お前は審査通らないぜ）」という「プロの眼力」を見せる。さらには、完全にムリな人が来ないようにし、業務の効率化を図る。

【製薬会社】
・「タウリン」など、「有効成分」が多ければ多いほど効果が高いかどうかの分析
・ガンになるか否かは遺伝だけが影響しているのかどうかの研究結果発表
・（インフルエンザの流行が懸念されている際に）「企業が自信を持っておすすめするインフルエンザ予防法」――「食べもの編」「マスクの付け方編」「飲み会での自衛策」

いずれも「ユーザーにお役立ち情報を提供する」ことが目的である。「売り」につなげるには、これらお役立ち情報サイトに自社の通販サイトへのリンクや、キャンペーンページへのリンクを容赦なく貼ることが必要だ。

また、何か大きなニュースがあった際に、そのニュースと関連した情報を出せるのであれば、その場ですぐに出したほうが良い。たとえば、2010年9月13日のヤフー・トピックスに、「夜行バス二極化 安さと快適さ」という記事があった。これに対し、夜行バスのシートを作っている会社があるとしたら「長距離バスで快適に寝るための工夫」と「長距離バスのシートの快適性を高める方法」などの情報をすぐに自社サイトにアップする。そして、ヤフー・ニュースの記事の下にある「関連情報」に「長距離バスで快適に寝るための工夫」と「長距離バスのシートの快適性を高める方法」のリンクを貼るのである。

リンクを貼るには、ヤフーの「トピックスエディター」になるための審査を通る必要がある。信頼できる情報を発信する主体だと認定されれば、リンクを貼ることが可能になる。ただし、あまりにも宣伝目的臭は出してはいけない。あくまでも、「この情報は、このニュースをより深く理解するために必要です」というスタンスでやらなくては、運営側から削除され、ひどい場合はその権利をはく奪されることだろう。

これは、「何かがあった際に瞬時にネタを出す」ことの例だが、あくまでもこれは「自分でヤフーにリンクを貼りに行く」行為である。ヤフーの担当者が貼ったリンクよりも信頼性は低いと解釈されるし、貼られる場所も記事から随分下の方にあり、目立たない。

では、前出「鰹の豆知識」のように、ヤフー・トピックスの担当者から貼ってもらうにはどうすればよいか。それには、将来発生するであろうニュースをあらかじめ予測しておくことが重要になる。

「そりゃ難しいよ」と言うかもしれないが、たとえば、クリスマスの時期になれば、クリスマスツリーに関する記事が出ることは容易に予想がつくだろう。だとすれば、クリスマスツリーを作っている会社は、「今年のクリスマスツリーの飾り付けのトレンド」を事前に出しておけば良い。天気予報の会社は、クリスマスの降雪確率を発表するのも良いだろう。

「餅がのどに詰まる」のも宣伝

また、正月の時期になれば、餅をのどに詰まらせて亡くなる高齢者が出てくることが予想できる。だったら、餅のメーカーは、「餅をのどに詰まらせた場合の対処法」を詳しく書いておけば良い。

2010年9月13日現在、グーグルで「餅 のど」と検索をすると、1番目は「メディカルトリビューン」という医学関連ニュースを扱うサイトによる「あなたの健康百科 もちがのどに詰まったら」のページが出てくる。2番目は情報サイト・オールアバウトによる「お餅がのどにつかえたら、すぐに対処が必要！ 迎春！ 餅ろん気を付けます。」で、3番目はEICネットというサイトの「正月にもちをのどに詰まらせる件について」という質問が出る。4番目はアメーバニュースの「メイド餅つき男性が餅をのどに詰まらせ『萌え死ぬ！』」で、5番目は2ちゃんねるのまとめサイトによる「【フライング】餅がのどに詰まって死亡」というスレッドの紹介だ。メーカーによる「餅がのどに詰まった時の対処法」はとりあえずグーグル検索の最初のほうには出てこない。

だが、この対処法をメーカーが書くことは、毎年餅をのどに詰まらせて死亡する人が出る以上、最低限の責任といえよう。また、販促につながる可能性もあることも踏まえておきたい。

たとえば、サトウ食品は「サトウのスライス切りもち」という通常サイズの四分の一程度に小さく切った餅（一つ12グラム）のパックを販売しているが、これは安全な餅といっても良いだろう。同社が「餅がのどに詰まった時の対処法」のページで「サトウのスライス切りもち」を紹介しておくことにより、高齢者は「あ、これを買っておくか」となるかもしれないのだ。まあ、企業としては「餅は詰まらせる恐れがあります」などと積極的に言いたくはないかもしれないが、「餅＝死者が毎年出る食品」であることは明らかなのだから、そこは認めた上で対処法をウェブサイトに出しておくことは仕方のないことだろう。

企業がプロとしての情報をネット上にアップすることの重要性を述べたが、注意したいのが、「シンプルテキストと軽いＪＰＥＧ（写真キャプション付き）でサイトを構成する」ということである。

ＦＬＡＳＨやＪＰＥＧは基本的には検索エンジンにまだ引っかかりづらい状況にある。本書でここまで述べてきたように、やや扇情的な「釣り」の見出しをつけた上で、検索対策として、「コピペ上等！」の姿勢でテキスト情報をアップするべきである。

その点、花王の「ゴーゴー ピカ★ピカ ママ」というサイトは惜しい。ここでは、赤ちゃんの清潔なケアのためのお役立ち情報を多数出している。「ベビーのためのお洗たく」「ベビーのためのおそうじ」「ベビー用品のお手入れ」などのような項目の下にいくつかのトピックスが掲載されている。

たとえば「ベビーのお風呂」の項目には「赤ちゃんの頭、どう洗ってる?」「カサカサ季節の赤ちゃんのお風呂」「はじめてのお風呂」の三つがある。そして、これらの項目をクリックして、のけぞってしまった。FLASHアニメ形式だったのである。

「赤ちゃんの頭、どう洗ってる?」は、毛がまだ少ない赤ちゃんの頭をシャンプーで洗うべきか、石けんで洗うべきかを「ヘタウマ絵」のFLASHアニメにしているのだが、まず、読み込みまでの数秒がウザい。そして、「シャンプーで洗うべし」の結論を導くまでに40秒かかるのである。途中で「えぇい、どうでもいい!」と思う人続出であることだろう。これではサイトを訪問した人が消化不良を起こしてしまう。

さらに、問題が2点ある。一つはFLASHアニメのため、検索に引っかかりづらいこと。もう一つは見出しである。ネットに情報をアップする際の見出しは「結論を言う」が原則だ。

「赤ちゃんの頭、どう洗ってる?」はタイトルとして30点だ。「シャンプーだろ、常識的に考えて」などの感想を持たれるだけだ。ここでクリックしてもらうには、「赤ちゃんの頭は石けんでなくシャンプーで洗わなくちゃダメ、ゼッタイ」などのタイトルにしなくてはならない。あるいは「赤ちゃんの頭をシャンプーでなく石けんで洗った場合に発生するこわーい問題」のように恐怖を煽るのが良い。

そして、テキストと研究結果などのデータで「シャンプーでなくてはいけない理由」をプロとして的確に説明するのである。「ダメ、ゼッタイ」は、覚醒剤取締法違反で2009年に逮捕された酒井法子がかつて登場していた麻薬撲滅キャンペーンのポスターのキャッチコピーを流用したものである。

「花王としてそんなことは書けません！」というのならば、まあ、それはそれで良い。だが、アクセスはそのほうが多くなる。

「赤ちゃんの頭は石けんでなくシャンプーで洗わなくちゃダメ、ゼッタイ」のコピーはネットで多少は話題になることだろう。「ネットで話題にしたい」と思うのであれば、このコピーを使うべきなのである。こんなコピーを使うことはダメ、ゼッタイ、と思うのであれば、それはそれでOKである。企業には企業の方針がある。

だが、くれぐれもないものねだりはしないように。

第五章

テレビと出版社はネットと相性が良い

テレビの時代は終わっていない

ネット時代以前、無料娯楽の王者はテレビだった。最近「テレビは終わった」「テレビは見ていない」といった声をよく聞くことはあるものの、ネット関連の仕事をしていると、未だにテレビは圧倒的な存在感を示していると痛感させられる。何せ、PVを稼げる記事の多くがテレビに出演する芸能人関連のものだらけなのだ。どれだけお前らテレビ好きなんだよ！　と思うほどである。

だが、ネット上では「暇人とガキと年寄りしかテレビなんて見てない」「テレビなんて見るヤツは情弱（情報弱者）」などの声は多数あがっている。とはいっても、ネットばかり見ている人もどう考えても同様に暇人ではあるが。

ごく一般的なユーザーはテレビをかなり見ているし、テレビで流れたものをネット上で吐き出すことにいそしんでいる。

いかにテレビとネットの関係性が高いか分かるのが、検索エンジンの「急上昇ワードランキング」である。

たとえば２０１０年８月15日朝11時30分の「グーグル急上昇ワード」のトップ10を見てみよう。「急上昇ワード」の意味は、「検索された数が急上昇した」ということだ。

1位　相武紗季（日本テレビ系・同日9時30分～『誰だって波乱爆笑』に出演）
2位　ダライ・ラマ（フジテレビ系・同日10時～『笑っていいとも！　増刊号』で取り上げられる）
3位　岡田奈々（TBS系・同日7時30分～『カラダのキモチ』に出演）
4位　仮面ライダーオーズ（同日9時30分～テレビ朝日系にてオンエア）
5位　栗山千明（日本テレビ系・同日９時30分～『誰だって波乱爆笑』に出演）
6位　竹下玲奈（日本テレビ系・前日23時30分～『世界！　弾丸トラベラー』に出演）
7位　向井理（日本テレビ系・同日8時～『TheサンデーNEXT』に出演）
8位　セル（フジテレビ系・同日9時～『ドラゴンボールZ』に登場）
9位　唐橋ユミ（TBS系・同日8時～『サンデーモーニング』に登場）
10位　X JAPAN（前日にワールドツアーにおける初の日本公演を実施。ニュースで多数オンエア）

見事なまでに、少し前にテレビに出ていた人々やキャラクターが検索されているのである。また、テレビで「痩せる！」と言われてはその食材が売り切れる現象は相も変わらず続いており、２０１０年1月8日にオンエアされた『寿命をのばすワザ百科ＳＰ』（日本テレビ系）で、双子お笑コンビのザ・たっちの二人がマイタケを食べて約10キロやせたと報告したところ、全国各所のスーパーでマイタケが売り切れとなった。

２０１０年7月23日、「世界最大の花」として知られるショクダイオオコンニャクが東京・文京区の小石川植物園で公開され、この花が咲いたことが朝の情報番組で流れた。すると、この花を見るために多くの人が殺到し、入園を停止する事態になった。少しでもかわいい芸能人（でも有名ではない）が番組に出れば「あの子は誰だ⁉」と多数検索され、グーグルやヤフーの検索ランキング1位となり、その人のブログにアクセスが殺到する（神室まい、光上せあらなど）。

ネットのすごさをブログやツイッターで延々言い続けて、その波に乗れないとこれから企業はやっていけない、などと言っている人は、「頭が良く新しいものが好きな一部の人」だけなのである。ごく普通の人々は、ツイッターだってｉＰａｄだって使ってはいない。

私だって地元・立川市の実家近くで公立中学の同級生（ガテン系の人が多い）と同窓会

でもやろうものなら、20人中2人しかツイッターの存在を知らない。ネットといえば、ミクシィで連絡を取り合ったり、GREEやモバゲーの無料ゲームを携帯電話（iPhoneではない）でプレイする程度だ。大学時代の同級生5人と飲んでも、全員が「聞いたことあるけど、そうそう、それ知りたかったんだよ。ミクシィみたいなもの？」と言うほどだ。この中には大企業でSEをやっている男さえ含まれている。

今、あえて言うと、多くの人の間で未だに流行っているのは残念ながら「テレビネタ」である。

PV稼ぎはテレビから

言っておくが、私はテレビが嫌いである。しかしなぜ、ネットの仕事に集中している今でもテレビを観ているか。その理由は、前出のように、テレビとネットの親和性があまりにも高いからである。ネットに書き込まれる一般人による凡百のネタはテレビが起点になっていることばかりだ。

日本のブログのかなりのPVを占める「芸能人ブログ」にしても、テレビが起点になっている。テレビに出演すれば、その芸能人ブログのPVが上がり、コメント欄には「ヘキサゴン見たよ！　相変わらずかわいいね！」などの絶賛キャーキャーコメントで埋めつくされる。

　タレントの矢口真里が「『ワンダー×ワンダー』という番組に出るよ！」（1月2日放送）とファン以外にとってはどうでもいい情報をブログで告知すれば「見ましたよ！！！　生放送お疲れ様でした！！　今日もとてもキレイでしたよ！！！　椿柄の着物がとても似合っていました」や「(初)生放送やぐち　しっかり観ました！　今日からお仕事なんて大変だね　お疲れさま！　今年は生放送だけじゃなくて、生やぐちが見れたらいいなぁ(*^_^*)」「やぐっちゃん髪型めっちゃ豪華だっ(≧▼≦)てか用事で外出してたからTV見れなかった(*_*)ホントごめんねm(_ _)m」などの顔文字付きのバカ丸出し自意識過剰コメント攻撃が炸裂する。どうしてテレビを観られなかったからといって矢口に謝るんだよ！　あなたにその必要はないよ！　その用事を大事にしなよ！

　だとすれば、テレビネタを使うことにより、PVを稼ぐことができる、という単純な理屈が成り立つわけだ。現にJ-CASTニュースには、「J-CASTテレビウォッチ」というコーナーがあり、その中の「ワイドショー通信簿」では民放の朝の情報番組からネット上に波紋を呼びそうなネタを毎日出し続けている。たとえば「『ハマコー逮捕』さんざんテレビ主演させといて今さら『品位なかった』なんて……」という記事では、2010年8月10日に背任容疑で逮捕されたハマコーこと浜田幸一元衆議院議員に対する元鳥取県知事の片山善博氏の発言「私が役人をやっていたころ接触が何回かあったけど、国会議員として品位の問題を感じた」を紹介し、「テレビの人間がよく言うわ」と突っ込みを入れているのである。

この「ワイドショー通信簿」の記事は同サイトのアクセスランキングでは高位置につけることも多い。インターネットとテレビが無料メディアの二大巨頭である今、まさにかつてホリエモンが言っていた「放送と通信の融合」が実現したというわけだ！　で、テレビの内容である。「昔のテレビは良かった」などと懐古主義に陥っているわけでもないが、あまりよろしくない。

何せ、現在のテレビ番組で多いのは、ニュースやスポーツ番組を除き、

①芸能人が自分のことを自虐的に語るか、仲間のバカエピソードを話しているだけの番組

②芸能人がただメシを食っているだけのバラエティ番組

③芸能人がいい年してゲームに興じて遊んでいるだけの番組

④芸能人が大勢出てきては、ドキュメントや海外の衝撃映像を見て「感動しました」「すごいですねぇ！」などと感想を述べているだけの番組。画面の隅っこには彼らが笑ったり泣いたりしている小さな画面（ワイプ）が出ている。「えぇい、無芸能人、お前らはいらん！　映像とナレーションだけでＯＫだ！」と言いたくなる

⑤芸能人がレベルの低いクイズを解いているだけの番組

⑥ドラマの再放送

⑦同じネタを繰り返し流しては、どうでもいいコメントばかり発するコメンテーターが偉そうにするワイドショー

が多いからだ。かつてコラムニストの故・ナンシー関氏が、テレビのことを「動物園」として扱っていた。さらに、その動物園でも見る価値のある動物と見る価値のない動物が多いと指摘していた。ライオンやパンダは見る価値があるだろうが、カラスや乳牛などはわざわざ動物園で見る価値はないのである。

ネットの各所でテレビにまつわるネタを見ると、純粋に楽しんでいる人も多い一方、テ

レビの悪口や偏向報道について文句を言う人も多い。さらには「ＹｏｕＴｕｂｅやニコニコ動画で十分」の意見も多数書き込まれるが、ＹｏｕＴｕｂｅもニコニコ動画もテレビ番組をそのままアップしたものの再生回数が多くなる傾向になるわけで、結局テレビはなんだかんだいってもかなり観られているのだ。

テレビで流す↓ネットで検索する↓ネットに感想を書き込む
ネットで宣伝する↓テレビを観る↓ネットに感想を書き込む

この流れは補完関係にあるといってよく、実はテレビとネットは親和性が高いのである。それは「ネットで投票」やら「テレビで売っていたものをネット通販で買える」といったことではなく、「同じように無料の娯楽ツールだからユーザーがかぶり、テレビのネタをネットに書きこむ」「テレビに登場する著名人がネットでも発言する」という意味で「融合」は達成できているというわけだ。
「最近のテレビはつまらない」はよく言われることではあるが、しかしテレビこそ、日本のコンテンツ制作集団としては未だに他の追随を許さぬほどハイレベルなものを持っていると言わざるをえない。

「マスゴミ」がないと国民は話題に飢える

また、一部のネットユーザーが好んで使う「マスゴミ」ということばにも、正直違和感はある。なぜなら彼らが「マスゴミ」をたたくにあたっては「マスゴミ」が発信した情報を元にたたいているのだから。一次情報を取ってきた「マスゴミ」をもっと評価しても良いのではないだろうか？

もし、テレビが何もオンエアせず、新聞も何もニュースを出さなかったら、ネットの世界に書き込まれることの大部分は、恐らく一般人がその日食べた食べ物と天気のことだらけになるだろう。

ネットの面白さは既存のマスコミあっての話なのである。テレビや新聞といった既存のマスコミが報じることに対し突っ込みや感想を述べることにより、ネット上のコンテンツは続々と増殖してくる。中には「ヤフーニュースが一番速い」「ミクシィニュースがあれば新聞はいらない」などと言う人もいるが、ヤフーニュースもミクシィニュースも既存メディアの記事を配信しているだけである。そこを間違えてはいけない。

では今現在テレビはどんな状況にあるのか。私の結論としては繰り返しになるが、こうだ。


「テレビは最強メディア。なんだかんだ言ってもかなり多くの人が見ているし、ネットに一般人が書き込む内容の多くはテレビに関連したネタ。多数クリックされるネタもテレビ出身の有名人や、テレビ番組に関するもの。ネットはテレビと連動する形でコンテンツを増殖させている」


ここまでコンテンツとしてのテレビについてネガティブなことを書き続けてきたが、テレビにも良い傾向が見られた発表があった。

テレビ東京が２００９年10月期の番組改編発表を行った際、福田一平編成部長は日刊ゲンダイによるとこう語ったという。

「昨今、視聴者のテレビ離れが進んでいるといわれているが、よくデータを吟味してみるとテレビを見なくなったわけではなく、ＢＳなどの番組に視聴者が流出していることが分かった。地上波は視聴率欲しさに金太郎アメのごとく画一的な企画ばかりになって、視聴者に飽きられている。警鐘を鳴らす意味でも、目の肥《こ》えた大人の視聴者のためにもご満足いただけるような企画を編成した」

これは大英断だし、歓迎すべきことである。確かにテレビ東京は『美の巨人』という世界的な芸術作品に関して硬派にドキュメンタリーを作ったり、日経新聞がついているという理由もあり、経済系の番組では他の追随を許さない。また、バラエティー番組にしても、「駆除の達人」と題し、スズメバチ駆除やサメ駆除、巨大ネズミ駆除の達人のスゴ技を紹介したり、かつてあった『テレビチャンピオン』など「とにかくすごい人によるすごい技術・知識」を紹介している。ここには余計な芸能人によるバカ騒ぎが入り込む余地はない。これらは見る価値は確かにある。

また、テレビの利点は視聴者としては強制的に見せられる受動的なメディアであるがゆえに「意図せざる発見」があることだ。

たとえば、２００９年9月27日にオンエアされた『サンデーモーニング』（ＴＢＳ系）

で「大相撲9月場所、高見盛と阿覧の取り組みで阿覧が高見盛の髷《まげ》をつかんで反則負け」というニュースが報じられたが、それに関連し、番組では「かつて『栃木山』という力士は髷が結えないほど髪の毛が薄くなり引退した」という話が出た。だが、「相撲協会によると『そんな規定はない』そうです」と、まったく考えてもいなかった二つの知識（でも、知って得した気持ちになれる）を知ることができた。

ネットは「自分が知りたいことをさらに知ることができる機能」は強いが、タイプの似た人のブログやツイッターを見ていく傾向があるゆえに、まったく予想だにしなかった情報が入ってくることは難しい。同じネタばかり深く知ってしまい、新たなネタを発見しづらいというデメリットがある。

ツイッターにしても、基本的には自分と考えの合う人をフォローするため、彼らの貼るリンクも意表を突くネタはそれほどない。その点テレビは、自分の興味がなかったことを教えてくれる性質がある。

そう、実は敵対すると思われているテレビとネットは補完関係にあるのだ。栃木山の件にしても、後にネットで調べたら「栃木山は横綱だった」「172センチ、103キロしかなかった」「1920年の明治神宮創建の際に明治神宮外苑で相撲の試合をした」などのネタを知ることができた。両方を使いこなすことによって、有益な情報を多数得ることができるのである。

もしもホリエモンがフジテレビを買収していたら

ちょっとここでSF的ストーリーを書く。本当にSFなので、「妄想乙！」（妄想お疲れ様！）と笑ってやり過ごしていただきたいのだが、原理としては正しいことを述べる。

私は本章の冒頭で、現在の芸能人ブログはファン以外にとってはどうでもいい情報が並んでいる、と書いた。だが、もしかしたらとんでもなく面白い芸能人ブログが並んでいたかなぁ……と時々思うことがある。それは、2004年にライブドアがフジテレビを買収ないしは提携でき、さらにその後粉飾決算で堀江貴文氏と幹部が逮捕されていなかったら、という前提があった場合のことだ。

あの頃、旧態依然としたテレビ局は連合を組んだかのように、ライブドアと堀江氏を非難し続けた。いわく「暴挙だ！」「文化の破壊だ！」「筋が通っていない！」と。

だが、もしライブドアが無事提携を果たしていたら、恐らくフジテレビのウェブサイトは今よりさらに充実したものになっていたことだろう。しかも、低コストで「ネット文脈」に合った形でだ。

ライブドアとの提携がうまくいっていたら、検索にひっかかるための対策、分かりやすいユーザーインターフェイス、ウェブサイトにアップする情報の選定（たとえばフジテレビのニュース原稿・動画等）をネットサービス提供会社のセンスで行っていただろう。そうなれば、相当高いPVを稼ぎ出し、第一章で説明した検索キーワード連動型広告やアフィリエイトを貼ることにより、かなりの収入が得られたかもしれない。

さらに、ここからがSF的になってくるが、「番組ブログ」がかなり充実したものになったかもしれなかったのだ。現在も番組ブログはあるものの、スタッフがたんに告知をするようなものが多い。だが、もしライブドアがフジテレビと組んでいた場合、『めざましテレビ』『クイズ！　ヘキサゴンⅡ』『めちゃ×2イケてるッ！』『笑っていいとも！』といった人気番組単位でブログを作っていた可能性も捨てられない。

現在、芸能人ブログは基本的に事務所単位でIT企業が運営する各ブログサービス（ライブドアブログ、ラフブロ、楽天ブログ、アメーバブログ、ココログ、ヤプログ等）と使用契約を結んでいる。「ブログ運営会社」と「事務所」が組んだ場合、どんなことが起こるか。

「ブログ運営会社」からすると、芸能人はPVを稼いでくれ、広告収入につながる「大切な著者様」となり、内容に口出しはしづらい。すると、芸能人（と事務所）側は「今日のおやつはミルフィーユ」だの「うちの長女の運動会に行ってきました」「今は楽屋で待ち時間です」だの、ファン以外にとってはどうでもいいネタ動画を書き続ける。もともと文章のプロでもないし、ファンに情報を届ければそれでOKなのだから当然である。イメージを落としたくもない、という事情もある。

かくして現在の芸能人ブログはファン以外にとってはさほど面白くもないファンクラブの会報誌のようなものだらけになるのである。それでも多数のPVを獲得できるのがテレビの強さを裏付けている。

だが、もし「テレビ局」「ブログ運営会社」「事務所」の三者でブログを運営したとする。そして、番組スタッフや出演者が、現場の裏事情やら、NG集、問題発言の理由などを番組単位で書くブログができたかもしれない。

フジテレビはライブドア（ライブドアブログ）と組み、日本テレビはサイバーエージェント（アメーバブログ）と組み、TBSはNTTレゾナンス（gooブログ）と組み、テレビ朝日は楽天（楽天ブログ）と組み、テレビ東京がGREEと組むなど、「テレビ局×ブログ運営会社×芸能事務所」といったスタイルで番組ブログを運営する流れになっていた可能性があるのだ。

芸能人の個人的なブログに関しては、事務所がブログ運営会社と個別に契約をすれば良い。これは皆が幸せになったであろう提携だと私は思っている。理由を述べる。

ここでキーとなるのがテレビ局である。現在の「芸能事務所×ブログ運営会社」のコラボの場合、事務所とすれば、「お前らの広告費獲得のためにウチのタレント様はお前らのブログサービスを使ってやってるんだぞ」という意識が多分にあり、「事務所」＞「ブログ運営会社」という力関係がある。

だが、多額のギャラをくれるテレビ局に対しては、よっぽど大物がいる事務所を除き、「テレビ局」＞「事務所」の関係がある。だから、番組ごとにブログを書く場合は、テレビ局の命令には従わざるをえない。

たとえば『めちゃ×2イケてるッ！』（フジテレビ系）の番組プロデューサーが同時間にオンエアされるライバル番組である『世界一受けたい授業!!』（日本テレビ系）のブログ（仮にそれもあるとする）よりも自分の番組のブログがつまらないと感じたら、芸能人に「あのさ、矢部さん（ナインティナイン）さ、チョー面白いブログ書いてよ！　今、TBSの青木裕子アナと付き合っているかどうか、別に結論つけないでもいいけど、何かそのことについて書いてよ」などと依頼すれば、「普段からの付き合い」で矢部が真相を書いてくれたかもしれない。番組の最後で「真相をブログで報告します！」と説明をする。

そうなれば、「めちゃイケのブログで矢部が青木アナとのことを語っている件」とネットの各所で話題となり、スポーツ新聞も「矢部が青木アナとの関係をめちゃイケのブログ書いた」と報じることは間違いない。ブログでは、「まぁ、詳しい話は来週のオンエアで言うわ。見てくれよ」などと書けば翌週の番組の宣伝にもなる。あとは自社のリソースを使うことも可能だ。たとえば女子アナの引退メッセージをネット動画で流せば、CM収入もとれるだろう。

さらに、第一章で書いた「検索キーワード連動型広告」であるグーグル・アドセンスを貼ることによって、かなりの放送外収入を確保できた可能性があることだ。何となくの実感値だが、番組がオンエアされた直後、土曜日の夜から翌日までの24時間で本気で面白いことを書いた「めちゃイケ」のブログは1500万のPVは取れるような気がする。

これをアフィリエイトに詳しい知人A（第一章で登場）に聞いてみると「仮に1500

万のＰＶだとしたら、75～１５０万円くらいはグーグル・アドセンスの収入はあると思う。あと、たとえば番組内で芸能人が身につけていたものが買えたりして、その日の番組内容とよく関連した商品をアフィリエイトで貼っておけば、２５０～３５０万円は入るんじゃないかな。さらに、番組オリジナル商品を販売すれば、数百万円規模で売れる。フジテレビの場合オンラインショッピングのサイトがあるわけだから、そこの商品をそのブログで売ってしまえばいいわけだよ。何でテレビの人って、最強の告知ツールがあるのに、アフィリエイトに熱心じゃないんだろうね？」とのことだ。

もちろんここで書いたのは楽観的なシミュレーションでしかないが、１５００万ＰＶの場合、合計すると３２５～５００万円の収入増である。

最後に、テレビ局がうまくネットを活用した例を紹介しよう。

「ラーメンつけめん僕イケメン」のセリフで知られるお笑い芸人の狩野《かの》英孝《えいこう》が２００９年２月３日にオンエアされたテレビ朝日開局50周年番組『ロンドンハーツスペシャル』で「50ＴＡ（フィフティーエー）」というアーティスト名をつけられ、ミュージシャンデビューを目指す「どっきり」が放送された。狩野は５曲をレコーディングしたものの、結局Ｃ

D化はされず、狩野のデビューもなくなった。

だが、この5曲が後に同番組のHPで公開され、30万回ダウンロードされ、結果的に1回限りの復活ライブが狩野の誕生日である2月22日に六本木ヒルズアリーナで開催されたのだ。その後10月14日に50TAは7ヶ月ぶりに復活した。

その後も50TAの人気は高まり、2010年2月10日についに念願のCDデビューが決定したのだ。

こういった取り組みをネット業界とテレビ業界が協力し合って行えばテレビもネットも両方とも繁栄するのになぁ～、お前らもっと仲良くしろよ（特にテレビ関係者！）と思ってしまう。いや、ネットはテレビと積極的に組みたいと思っているというのに、給料の高いテレビ局の人々が既得権益を守るべくネットを「視聴率を減らす悪」と敵視し過ぎているのだ。

でも、もはや敵視してる場合ではないだろう。時代の流れを読め、と彼らに言いたい。

電子化崇拝は「エロ」にとどめろ

続いては、出版社によるネットの活用方法である。

今現在、出版社はネット戦略をどうするか迷っている。比較的ネットと紙、両方をうまく扱っている出版社としては、「サイゾー」を発行するインフォバーン、リクルート、ダイヤモンド社、日経BP社が挙げられるだろう。

出版社もネット化が避けられない中、小学館のネット部署担当者と会う機会があった。雑誌の部数が減少し、広告費を獲得するのにも苦労する昨今、彼は現在の出版社のありように危機感を抱き、ネットと出版の関係に詳しい人々と会食や取材を重ね、大手出版社である同社とネットの付き合い方について様々な意見を伺ったのだという。その際に識者からは以下のような提案を受けたという。

①ツイッターをガンガン使い、雑誌・コミック等の情報をキチンと告知する
②ネットに有料課金記事をアップし、会員を囲い込み、記事の課金化を推進する
③キンドル、iPadといった電子書籍に全面的に移行する

いずれの提案についても、小学館の人はハードルの高さを感じたという。そんな「ネッ

トに詳しい人」（笑）の一人として私も彼らと会食をしたのだが、その際に提案したのはニュースサイトを作ることである。①②③についても意見を求められ、私はこう答えた。

①については、「ツイッターを使ったとしても、作家や漫画家自身が発言しない限りは、たんなる宣伝媒体が一つ増えるということだけの意味しかない。電車の中吊りとどっちが効果が高いか、といったレベルの話だ。別にツイッターは魔法のツールではない。電子版の告知であれば意味があるが、御社はまだそこまで電子版に力を入れていないだけにガンガンやる必要はない。追々やればよい」と意見を述べた。

②については、無料の情報に慣れたPCのネットユーザーに対しての課金は難しいと考えた。同社はすでに携帯電話を中心に課金ビジネス（それほど儲かっているわけではない）を展開していたが、これはそのままで良いと伝えた。というのも、携帯電話はクレジットカード決済が多く、その都度支払うわけでもないため、「知らぬうちに課金されている状態」でカネをむしり取ることができるからである。

というわけで、「会員の囲い込み」といった大それたことは考えず、とりあえずは携帯電話の課金ビジネスで獲得した会員を大事にする、という程度で良く、紙を基本に置くべきだ。

ただし、ここ数年、エロ漫画の携帯電話ＤＬ（ダウンロード）が絶好調であり、エロ漫画を発行している出版社であれば是非とも電子化は強化すべきである。

③については時期尚早である。２０１０年初頭から出版社は電通や凸版印刷といった広告・印刷業界とともにコンソーシアムを形成し、電子書籍に対応する準備をはじめていた。電子書籍推進派のライターやジャーナリスト、研究者は数多くいるが、彼らは次のような電子書籍のメリットを説き続ける。

電子書籍があれば、著者と読者が直接的につながり、安価で書籍を買うことができるユーザーと、より多くの印税を獲得できる著者両方が幸せになる！　出版社だって印刷をする必要がないため余計なコストをかけずに済むし、校了した段階ですぐに作品を世に出せる！　ｉＰｏｄ登場により音楽ＤＬが伸びたのと同様に、文字コンテンツもＤＬの流れは避けられない！　書籍を保管するための場所がまったくいりません！　デジタル化はメリットこそあれ、デメリットは何もない！　今、反対しているヤツは数年後に恥をかくことになるぞ――といった論調が多数語られていた。「もう編集者もいらない！」といった意見もあった。

だが、これも「頭の良い推進派による自分と自分の周囲の実感・財力を踏まえたうえでの局地的な議論」でしかないのである。

課金ビジネスは「トントン」を目指せ

私は職業がら、いかに「課金ビジネス」が難しいかを十分に分かっている。文字情報に対し、いろいろと課金の道は探ってきたものの、最終的に「無料で、検索キーワード連動型広告、アフィリエイト、バナー広告で稼ぐのが現実的。そのために、ポータルサイトやSNSに記事を積極的に配信し、誘導経路を増やしておく。心構えとしては、爆発的に儲けるのではなく、運営費がまかなえる程度のトントンの状態を目指す」との結論に至った。

本当にネットでのテキスト情報の課金は難しいのである。だったら極力投資金額とランニングコストを抑えた上で、PV勝負のビジネスで広告費を稼ぐことが現実的な路線となる。その上で、PVの高さを梃子《てこ》にし、広告（バナーや編集タイアップ）を獲得すれば良いのだ。このときの競合は、紙の雑誌におけるライバルのウェブサイトである。

たとえば、発行部数が大体同じで、同じジャンルの雑誌AとBのどちらに広告を出稿しようかと迷っている広告主がいるとする。両方とも部数はあまり変わらないといった状況下では、今の世の中、「ネットでの影響力が高いほう」を最後の決め手とすることだろう。広告主は、広告を出すからには、最大限の効果を求めるし、「おまけ」を求める。そんなときに「ライバル誌のウェブサイトよりも圧倒的にPVの多いサイトを持っている」雑誌のウェブサイトは、広告主にとっては選ぶ選択肢となりうるだろう。

そもそも雑誌広告自体が激減している中、「どちらに広告を出すか」と迷っている広告主を見つけるのも苦しいのは分かるが、雑誌業を捨てない選択をしたのであれば、その事業を支援するツールとしてネットを活用すべきなのである。

私はネット単体で儲けること（相当難しい）を言っているのではなく、PVが高いことにより、本業である「紙」の広告獲得支援になることを期待しているのである。あるいは、ほかのネット系ニュースサイトを凌駕《りょうが》するPVを稼いでいれば、広告主からすれば「ネット広告を出す対象」になることができ、収益化への道が広がる。これは極めて現実的な考えである。

夢も希望もない。ただ、「何もしないよりかはマシか」といったレベルではあるが、これがネットのコンテンツビジネスの現実だ（アイテム課金で大儲けのソーシャルゲームは除く）。

現場のドロドロした現状を自ら体感したこともなく、良いことを書いてもらいたい電子書籍業界関係者からキレイごとばかり聞いてきたIT社長・評論家やライター、ジャーナリストには、やすやすと「出版社は電子書籍に移行すべし」のような将来の可能性を元にした発言をし、出版社を右往左往させてほしくないのだ。それでいて、出版社の人が電子書籍に疑問を呈すると「そんな既得権益に基づいた古くさい考え方に凝り固まっている出版社は早晩滅びればいい」といった趣旨の発言をされてしまう。新しいものをとりあえず褒めておけば良いというわけではない。「今、現実的にどうなのか」を見たうえで企業は進むべき道を考えるべきなのだ。

『死ねばいいのに』は結局どれだけの人に読まれたか

ｉＰａｄ発売と同じ日の２０１０年５月28日、講談社は京極夏彦氏の小説『死ねばいいのに』をｉＰａｄ用に発売した。紙では１８００円のところを９００円で販売すると発表し、さらには発売記念として７００円で期間限定販売した。ツイッター上では、ｉＰａｄ信者と電子書籍信者により「すっごく読みたかったんだぁ♪　さっそく熟読中！」など絶賛の声が相次いだ。

発売からしばらく経つと、iPadや電子書籍に対して好意的な人が多いツイッター上でもこんな意見が出てきた。「ただ、iPad販売という話題性を抜いたら買わなかったかもしれないなぁ、という感じ」、発売から2ヶ月以上経った8月1日には「iPad入手と同時に入手したのだが、それだけで満足して読むのが今頃になった」という書き込みもあった。

さらには、「京極の『死ねばいいのに』読んだ。iPad初読書。まだ機械と自分の位置関係というか身の置きどころがしっくりこないせいか、紙の本より没入できなかった感じ。まあ、そのうち慣れるかな」と、iPadを買ったことを必死に正当化したい人も登場。「iPadで読む為の電子書籍版を買ったよ。まだ読んでないけど」という意見もあり、「電子書籍だから買った」という人が多かったのである。

その意味では、京極のことを好きでも何でもない人からのDLを獲得し、売上を確保できた講談社の戦略は正しいといえよう。講談社によると、5日間で1万ダウンロードを達成したという。それはそれでいいのだが、この中の多くは京極ファンでもなければ、小説を普段読む人でもない人だろう。ただ高いカネを払ってiPadを買ってしまった自分を慰めるべく、『死ねばいいのに』をＤＬした人と推測できる。今後も電子書籍をＤＬし続けてくれるかどうかは分からない。

電子書籍になったからといって、もともと小説を読む習慣のない人が読むだろうか。本のヘビーユーザーは、形状がなんであれ、読みたい本は読むのである。だいたい、国民の１％以下（しかもｉＰａｄ自体は本好きのためのものではない）しかまだ持っていないもので、何を出版社は右往左往しているのだ。

米・アマゾンは２０１０年７月19日、過去３ヶ月間の電子書籍の販売冊数がハードカバーを上回ったと発表。ハードカバー本１００冊に対し、キンドル向けが１４３冊だったのだという。ここで忘れてはいけないのが「ハードカバー」だけの話であるという点だ。また、ここでは販売額も実数も出していない。この記事を見て、電子書籍推進派は日本のツイッター上で大喜びしており、何があっても電子書籍の時代が来ると思いたいようであった。

電子書籍に移行しなくては出版社は立ち枯れになる、と煽る人はいるが、まぁ、煽り続けてくれ、と思う。だったら私は小学館に何を提案したか——かなりシンプルである。それで、この提案どおりに「ＮＥＷＳポストセブン」というサイトが立ちあがった。

①まずはニュースサイトを立ち上げましょう。

②最新の雑誌（週刊ポスト、女性セブン、ＳＡＰＩＯ、マネーポスト）の見本誌を発売前に吟味し、ネット文脈に合った記事をネット用にシンプルに編集し、ネット文脈に合った形の見出しをつけましょう。ネットに記事をアップするのは、雑誌の発売日。それから、次号の発売まで細切れで情報を出し、ＰＶを獲得しましょう。

③そのネタをＰＶ稼ぎに利用するほか、「全文は本誌で」をにおわすことで、本誌を買ってくれる人が出ればいいですね。

④雑誌がこれまで数十年間にわたって培ってきた情報を「アーカイブ」としてネット上にアップしましょう。

⑤これらの記事をヤフーをはじめとしたポータルに配信し、アクセスを稼ぎましょう。今、ポータルサイトは週刊誌系のネタが足りていないので、ほかが始める前にやっちゃいましょう。

⑥訴えられないレベルのネタを出し、あとはエロはやめましょう。未成年も読む携帯電話向けに配信できません。

この六つだけである。現在、週刊誌系にまつわるネタはネット上にあまりない。「週刊文春」「週刊新潮」「週刊現代」「週刊ポスト」「女性セブン」「女性自身」「週刊女性」「FRIDAY」「FLASH」らが代表的な週刊ゴシップ誌ではあるが、「積極的」とはいえないレベルでしか記事を配信していない。しかもネット文脈を無視し、雑誌をそのままPDFで配信している例もある。

ネット上で人気になる記事は芸能、スポーツ、政治に関するゴシップネタで、週刊誌のネタはドンピシャでハマる。そして、彼らのネタは、ネットに流通するゴシップ系記事よりもレベルは高い。

それらがなぜネット上には存在しないかといえば、「コピペできないから」である。だからこそ、週刊誌系媒体はネットニュース化が向いているのである。

スポーツ新聞はスクープが減る⁉

さらに、重要なのが「スクープ潰し対策」である。これは何かというと、スポーツ新聞が発売前の雑誌を入手し、「○○、××とのお泊りデート明らかに。所属事務所は交際を否定。『お友達の一人と聞いております』」と事務所に対してヨイショの記事を出されたときの対策だ。

これは週刊誌の「スクープ潰し」と呼ばれており、雑誌が発売される前に「交際の事実を○○誌が報じた」とスポーツ紙で出し、そこで事務所による「お友達の一人です」のコメントを紹介することにより、週刊誌を誤報扱いさせるのである。さらに、この手のネタはヤフー・トピックスでも紹介されやすいし、各種ソーシャルメディアでも多数書き込まれる。

このように、芸能事務所と御用マスコミであるスポーツ紙・テレビによる「スクープ潰し」が蔓延《まんえん》することになるので、これは努力してそのスクープをモノにした雑誌があまりにも報われない。

だったら、スポーツ紙が芸能事務所にペコペコするためにどうでもいい「打ち消し記事」を出す前に自社サイトでダイジェストだけでも出してしまい、それを各種ポータルサイトへ配信してしまえ！　そうすれば、二次情報を掲載した「スポーツ紙発」ではなく、一次情報を発信した「週刊○○発」ということにできる。そして、スポーツ紙のサイトへ行くはずだったトラフィックを彼らから奪ってしまえ！　というのが、前項の提案②には含まれている。

また、④の「アーカイブ」を作る理由は、ネットの歴史の浅さにある。第三章で、ドリカム・吉田美和の夫の死因について書いた記事が多数のアクセスを獲得したことを書いた。これについては死因について書くことができたため、多くの人の関心を呼んだ。

ここから④と関連したPV稼ぎのためのえげつない話をする。

たとえば、現在90歳の大物俳優Cがいるとしよう。この人が仮に入院をしていたとし、あまり寿命が長くないことが明らかだとする。その人が死んだら、間違いなくテレビは大騒ぎするし、ヤフー・トピックスをはじめとした各種ネットニュース、スポーツ紙サイトもその俳優に関するニュースを出すだろう。

その際、ネットオンリーのニュースサイトには、この俳優の過去にまつわる情報は絶対にない。だが、週刊誌の編集部には、この俳優が若い頃にあったスキャンダルや武勇伝の記事が存在するのである。

これは雑誌の蔵書が大量にある「大宅《おおや》文庫」の検索を使えばすぐに出てくる。このときの記事（Cは派手に不倫をしていた、Cには持病があった、Cと大物政治家Dの関係など）をアーカイブとしてあらかじめ記事にしてサイトに掲載しておくのだ。こうすれば、Cが亡くなった際、ヤフー・トピックスをはじめとした各種ポータルはアーカイブに掲載されたCに関する情報を「関連ニュース」として紹介してくれるだろう。

また、死んだときに使うというだけではないが、アーカイブを作っておくと良い人物はこんな感じだ。いずれも（昔のことのため）ネットに情報がないものだったり、ネットニュースよりも深い取材をしたものだ。

①昭和のスター……長嶋茂雄や山口百恵の過去のエピソード
②政治家……田中角栄や小沢一郎といった政治家に関する裏話
③お騒がせスター……押尾学、酒井法子、沢尻エリカ、高岡早紀など、今後も話題を提供し続けるであろうお騒がせ有名人の武勇伝

いずれもヤフー・トピックスにとっての「関連ニュース」としての価値は高いだろう。こうしたアーカイブを徹底的に作っておくことで、ネットユーザーに関連情報を提供し、サイトへの検索流入を狙う。他社ニュースサイトでのリンク掲出、ネットユーザーがリンクを貼ってくれることにもなり、自社サイトへのトラフィック獲得が実現されるのである。

ちなみに⑤の「ポータルやSNSへの配信」契約の会議のため、ポータルやSNSを訪問すると、小学館の人は「待ってました！」と歓迎されたという。そして、現に「NEWSポストセブン」は初日から高いPVを稼ぎ、ソーシャルメディアで多数とりあげられた。

第四章で述べたが、ネットニュースには質の低いものも多く（私も含め）、ポータルサイトはキチンと専門家や芸能人に取材をし、時にスクープも取ってくる雑誌ネタを求めていたのだという。これは、良質な記事を出せるという意味でポータルサイトにとっても良いことだし、PVを取ろうとする同社にとっても良いコラボである。

現在私はネットオンリー系のニュースサイトの編集者をいくつか担当してはいるものの、正直カネと人手をかけ、ジャーナリストとしての矜持を持っている出版社系のコンテンツには記事のレベルで敵わないと思っている。第三章で述べたとおり、ほかのネットオンリー系のニュースサイトを見ても、ネットに書かれたネタをコピペして、あたかもニュースのように仕立て上げ、その場の刹那《せつな》的なPVを稼いでいる例を多数見る。

そんな中、本気で取材をし、訴訟リスクを負ってまで記事を出している記事はやはりクオリティが高いのである。これらの記事はネット上でも必ずやPVを取れることだろう。

講談社、小学館、集英社、文藝春秋社、新潮社、扶桑社らが本気になってニュースサイトを立ち上げ、本気の記事を出し、大手ポータルで記事が紹介されるようになったら、私たちは苦しくなるだろう。ただ、(ネット以外からも情報収集をしている)彼らのネットへの進出が既存のネットメディアの改善にもつながると思う。

私はこれら大手が本格的にニュースサイトを立ちあげたら、PVの面でなかなか敵わないとは思っている。とはいっても、「日本のウェブは残念」という考えから脱却するためにも、150~151頁で言及したような「プロの復権」をぜひとも出版社発で推進してもらいたいものである。

テレビと出版社――この二つの主体は、実はネットと反目し合う存在ではなく、ネットを利用することに長ける可能性を持った主体だったのだ。

第六章

ネットとの幸せな付き合い方

娯楽として楽しむ無責任な「2ちゃんねる」

最終章では、ネットと個人の付き合い方について書いておきたい。

ここまで一貫して、ネットでの金儲けに過度な期待をすべきではないと述べてきた。そこでネットに何を期待すべきかを言えば「あくまでも娯楽」ということになる。「ネット=娯楽」と割り切ることによってネットと幸せな付き合いができるだろう。

まず、その「娯楽」を楽しむにあたって忘れてはいけない存在が「ネット上の愛すべきバカども」だ。彼らが日々つむいでいく膨大な量の文字や動画がネットを最高の娯楽に仕立て上げていく。

ここで「バカ」と書いたが、厳密には「バカ」ではない。ウィットに富んだ人々があえてバカを演じていることを称賛すべく「バカ」ということばを使っている。救いようのない「真正バカ」のことではない。

インターネット時代以前、メディアの形で提供されるコンテンツはざっとこんな感じだった。

テレビ、ラジオ、新聞、雑誌、書籍、映画、パンフレット（商品説明・企業の宣伝・会社案内など）、チラシ（セール情報・求人情報等）

これらの優れた点は「信頼できる人が、責任を持って語る」ということにある。だからこそ、信用できるし、役に立つわけだ。

その一方、インターネットはどうか。企業やメディアの公式サイトなどは、テレビや新聞と同様にキチンとしている。これも旧来型のメディアと同じである。そういった意味で、彼らが主体となった場合のネットも既存メディアも同じである。

ただ、一般人による書き込みは決定的に異なる。無責任で、キチンとしていなくても良いのだ。

不特定多数の匿名の人々が「誰かのウケをとろう」と好き勝手なことを無責任に発言する「面白さの競走」をしているのだ。バカバカしいものや、低俗なもの、吐き気がするほどの暴言やデマなど、負の側面も多々あるものの、この「無責任に書く」という点が時に素晴らしいコンテンツを生み出す。

その代表格が2ちゃんねるである。

2ちゃんねるといえば、古くは「ネオ麦茶」による西鉄バスジャック事件の予告や、イラク人質事件の際に誘拐された3人のことを「3馬鹿」と読んで大バッシングする騒動、心臓移植等の募金活動については「死ぬ死ぬ詐欺」と命名したり、数々の犯罪予告から逮捕者続出、といったネガティブなイメージが強い。

企業側も、「グーグル検索をすると、2ちゃんねるのスレッド（特定のテーマを設定して書き込める場所）がいきなりトップに登場する。そこには当社の悪口ばかり書いている。何とかならないか」などと相談をしてくることもある。

プロモーションをするにしても、2ちゃんねるには絶対に自社の情報が載ってほしくない！　2ちゃんねるに書き込まれたらどうするんですか！　責任取ってもらえるんですか！　と声を荒げる企業の人もいる。

だが、2ちゃんねるはそこまでひどいものだらけというわけではない。まったりとして心地が良い井戸端会議のような空間が展開されていることが多く、暇潰しのエンタテインメントとして見るには最適な場所である。

100万部超えのベストセラー『電車男』も、映画にもなった『ブラック会社に勤めてるんだが、もう俺は限界かもしれない』も2ちゃんねる発である（ともに新潮社）。「絶景画像貼ってくれ」などとお願いをしたら、世界中の素晴らしい景色を「ほれ、これ見ろ」とばかりに貼ってくれる人が続出する（著作権の問題はさておき）。なんだかんだいって、日本のネット界の文化創出の大きな部分を、2ちゃんねるが担ってきたのは間違いない。

数々のネットスラングやＡＡ（アスキーアート＝文字を組み合わせることによってできたイラスト）、コミュニケーションの流儀などは、間違いなく2ちゃんねる発である。

そして、ニュースサイトの編集の仕事をしていると、ほかのニュースサイトをつぶさに見るし、それらの編集者と会うことも多い。すると、彼らは2ちゃんねるに引用されることを明らかに意識したネタの選択、タイトル付けを行っていることが多いことに気づく。

ここには、「ニュースサイト↓2ちゃんねる↓2ちゃんねるのまとめブログ（2ちゃんねるに書き込まれた内容からノイズを除去して編集したブログ）↓ソーシャルブックマークサービス（面白いと思った記事を共有するサービス）↓個人ブログ↓ニュースサイトが『○○が話題！』と、2ちゃんねるのネタを紹介↓再び2ちゃんねる」という情報のループが存在する。ニュースサイトにとって、2ちゃんねるはＰＶを上げるためには切っても切れない存在である。

「今さら2ちゃんねるかよ……」と言われるかもしれないが、開始から10年以上経ってもまだ連日のように膨大な量の書き込みが行われることはすごいことである。今は（マスコミや企業人の間では）ツイッター全盛の時代だが、正直私はツイッターよりも2ちゃんねるのほうがネット上に流通する情報に多大なる影響を与えていると感じている。

欧米化するソーシャルメディア

2010年秋現在、ネット界隈ではとかくツイッターとUstreamとFacebookが絶賛され、ジャーナリストや企業もこの二つを中心に「ソーシャルメディアの時代です！」と盛り上がっているが、これはおかしい。2ちゃんねるだろうが、ブログだろうが、SNSや掲示板だろうが、ソーシャルゲームだろうが、「ソーシャルメディア」全般をホメろ！　と言いたいのである。

もともと「ネットはフラットです！」やら「ネットは社会的立場に関係なく、差別もなく『言った内容』で評価されるフェアな世界です！」などと言っていたというのに、2ちゃんねるを筆頭とする「昔からあるサービス」やGREEやモバゲータウン、アメーバブログといった「日本発のサービス」はあまり礼賛されないのである。ネット論壇（笑）の特徴として、国産のものは取り上げず、海外発のものを褒める傾向があるが、これなど完全に欧米コンプレックスの表れであろう。

なぜ、彼らが日本発のものを褒めないかというと、日本発のサービスの多くが「バカと暇人」を対象にしたサービスだからだ。

第一章で述べたように、無料ゲームはバカと暇人が多くやっているわけだし、テレビに出ている芸能人ブログのメインユーザーはテレビが好きなごく普通の人々と、その芸能人のブログでの日記に「今日も○○ちゃんはかわいかったよ」「今日、○○（番組名）見たよ。あいからわずかわいいね」などと書く人々なのである。「ネットこそ世界を変えます！」と言いたい人にとっては、こうしたバカや暇人や貧乏人がネットのメインストリームになることを認めたくないのである。

だが、ネットユーザーが1億人にも達しようとしている中、もはやインフラと化したネットがテレビと同じようなものになるのは仕方がないのではないだろうか。私が言いたいのは「お前ら、フェアに2ちゃんねる、ＧＲＥＥ、アメブロ、モバゲーをホメやがれ！」ということである。面白いものは面白い。たとえそれが2ちゃんねる発であろうと。

これが結論である。ここでは2ちゃんねるを例にあげたが、ぜひとも多様なサイトを楽しんでいただきたい。

きれいごとだらけのツイッター

ネットで陥りがちなワナに、「キレイな情報ばかりより分けてしまう」ということがある。

ITライターやコンサルタント、IT系企業社長といったインテリな人たちが公の場でネットについて発言する場合は、基本的には「頭の良い人による理想的な使われ方」しか紹介していない。しかし、そんなにキレイごとで済むわけがない。こちらは数百万人単位の匿名の人々を相手にし続けてきたのだ。そして罵詈雑言を浴びせ続けられてきたし、どう考えても頭のおかしいクレームにも付き合い、殺害予告までされてきたのである。

ツイッターにしてもそうだ。「ツイッターをする人は礼儀正しい」「ツイッターは冷静な人がちゃんと見ていますから」（自民党・世耕弘成議員が『なぜツイッターでつぶやくと日本が変わるのか』〈上杉隆著・晋遊舎〉で語った内容）などとまことしやかに言われるが、そんなことはない。それはたんに、礼儀正しく冷静な人だけをフォローしているにすぎないのである。

試しにツイッター検索を行い、「オナニー」や「ちんこ」といったことばを入れてみよう。そして、そんな発言をした人を片っ端からフォローしてみると、自分のタイムラインは下品なことばで溢れるはずだ。

私はツイッターのIDを三つ持っているが、使い分けをしている。

①IT・広告・メディア関係者タイムライン（自分の仕事と関係した人による書き込みを見るため）
②スイーツ（笑）タイムライン（地方の女子大生やOL、その友人男性などごく普通の市井の人々の生態を知るため）
③バカ&エロタイムライン（下品でくだらないことばかり書くネットヘビーユーザーの暇人の生態を知るため）

私の場合、本職がネットニュース編集者であるので、①の人々が紹介する最新鋭のネット関係サービスやトピックを知る必要があるため①は重要である。あと、②のようなユーザーが私のサイトの中心的な読者であるため、彼らの嗜好に合ったネタを出す必要もあるためチェックしている。③については自説「ウェブはバカと暇人のもの」の事例を集めることも仕事であるため、フォローしている。

当然これら三つのIDを使うにあたっては、自分の発言も変えている。

①の人格（私の本性）では、「ユーザーに企業のマインドシェアを高め、エンゲージしましょう、みたいなこと言うけど、アホか！　人生に企業なんて入ってほしくねぇよ！便利で安いもん買いたいだけだ！」などと、マーケティングやネット関係の話を書く。このタイムラインでは、業界関係者がこれに対して「同意！」と言ってきたり、何らかの議論が展開されたりする。ネットリテラシーの高い人が多いため、フォローするのもされるのも自由だと考え、リムーブ（フォローをやめること）も日常茶飯事だ。

②では、「GAPの短パン、買おうかどうか迷ってます」や「今はホタルイカがおいしいですね。今日は菜の花と一緒にパスタにしました。皆さんはどんな晩御飯でしたか」などと当たりさわりのないどうでもいいことを書く。

③では、下品なIDでとにかく下品なことばかりつぶやき、同好の士とどうでもいい下品なやり取りをするだけだ。真正バカと暇人がここまで多いのか！　と思わせてくれる貴

いる。
重なタイムラインである。また、風俗嬢の営業や、「釣り」だか何だかは分からないがエロいことばかり書いている女ばかりフォローすることにより、①と正反対の世界を作っている。

で、ネット関係の本を読む人、企業の宣伝部の人、ネット関係部署の人、雑誌編集者などは基本的には①の階層の人を中心に追っかけていることだろう。そして「やっぱツイッターユーザーって頭いい人多いよね」や「ツイッターは2ちゃんねるよりも上品だ」などと結論づけては講演でそのように話したり、クライアントにツイッターを使ったマーケティングプランを提案したりしているのである。

だが、本当は②も③も見る必要はあるのだ。そうでなければ、真の人間の嗜好や生活スタイルを知ることはできない。

ネットの良さは、普段の生活だったら絶対に会えない人の生活や考え方を無料で見られることにある。その反面、自発的なクリックによって情報を収集する世界のため、とかく入ってくる情報は画一的になり、さらには自分にとって心地良いものばかりになる。

そうなるとネットの可能性を信じている人やネットを活用したい人は「ネットは世界を変えます」「iPadがあればPCはいらない」といった意見ばかりを読むこととなり、

かくしてネットだけで人生はあまり変わらないという「現実」が見られないまま、個人は余計な希望をネットに抱き、企業はネットで爆発的な口コミが発生し、ファンが増えると勘違いをしてしまうのである。

以前、私の知人があるIT関連ジャーナリストの講演に行ったと報告してきた。その場で彼は「『ウェブはバカと暇人のもの』という本がありますが、○○さんはどう思いますか?」と聞いた。するとそのジャーナリストは「その本を書いた人はバカと暇人が見るサイトしか見ていないんじゃないですか」と言ったという。

だが、誤解である。私はそのジャーナリストが見ているような「バカと暇人向け以外」のサイトも相当見ている。彼がツイッターでリンクを貼るサイトもたいてい見ている。だが、ネットが頭の良い人だけの世界でないことについては、ネットの一般的普及から15年も経ったのだから、そろそろ認めなくてはいけないのだ。でなければ、個人も企業も適切な使い方ができなくなる。「ネットは世間」――この考え方を皆持ってくれよ、といつも思ってしまう。

だからこそ私は企業の人に「ビジネス書とか雑誌のツイッター特集を読むのもいいが、『前略プロフ』みたいな高校生やナンパ目的の若者が集うサイトに入ってコミュニケーション取れ」と言いたいし、「ビジネス書とか雑誌のＩＴ関連特集を鵜呑《うの》みにするな」とも言いたいのである。

②と③も見ていないのにしたり顔で「ネットというものはですねぇ、集合知で良いものが必ず浮かび上がるようになっております。その原理がよく表れたのがツイッターです。ツイッターは引用された回数なども出てきますから、今現在何が流行っているか、どんな興味を人々が持っているかが分かるのです」などというのだ。

ネットでもリアルでも「承認」されたい人々

本書の最後になるが、ネットがもたらした「承認」について書く。

皮肉まじりのアニメとして知られる米『サウスパーク』に『You have 0 Friends』という回がある。これは、Ｆａｃｅｂｏｏｋにハマる人、Ｆａｃｅｂｏｏｋ上の友人の数を競ったり、日記にコメントをつけてもらう人などの滑稽《こっけい》さを皮肉ったストーリーだ。

アニメの中では、Ｆａｃｅｂｏｏｋではなく「ＦａｃｅＢｏｏｋ」となっているが、10億人の会員を誇る世界最大のＳＮＳを間違いなくイメージした作りになっている。

作中では、「オレはカイルよりも（ＦａｃｅＢｏｏｋ上）の友達が多い」と自慢げに歌う友人が登場したり、父親が登場人物のスタンに「オレのことを早く友達登録しろ！」とお願いしたり、「おばあちゃんにコメントをつけておいてやれ！」「一緒に（ゲームの）農場を耕してくれ！　友達だろ！」といった「ＦａｃｅＢｏｏｋ中毒」者的発言が続く。そんな中、ＦａｃｅＢｏｏｋをはじめて6ヶ月経ったというのに友達が一人もいないキップという小学3年生が登場する。彼はいくらやっても友達ができないが、キップの話題になったとき、カイルは「かわいそうだ」とキップを友達認定する。

これにキップは大喜び。家中を走りまわり、カイルが一体どんな人物なのかを両親に伝え、両親も一緒になって大喜びする、といったストーリーだ。当然皮肉まじりのアニメだけに、これで無事終わるというわけではないが、キップはこのとき「承認」され、幸せな気持ちになる。

人間同士のコミュニケーションで共感が生まれた際に「承認」が発生するわけで、人間同士が交流していたネット黎明期からネット上では当然続いていた。だが、ツイッターはこの「承認」度合いがますます高まったツールといえる。だからといってツイッターを礼賛しているわけではない。近々この浮かれたバブル状態は終わり、飽きる人・疲れる人が続出し、「便利なツール」という本来の評価をされることだろう。

大学のサークルなどのネット掲示板では、自分が提案したことに皆が同意することによって「承認」された気持ちになれた。ブログの時代になると、アクセス数が増えたり、トラックバックを多数されたりコメント欄に好意的な意見が書き込まれることによってその気持ちを獲得することができた。SNSの特徴の一つは、同じ趣味を持った人々がコミュニティを作り、「サッカー日本代表のフォーメーションは4-5-1がいい！」「そうだそうだ！　オレもそう思っていた」などと承認することにあった。

だが問題は、不特定多数の人間がかかわったり見に来ている以上、荒れることがセットになっていた点にある。その点自分の意見に合った人だけをフォローできる（もちろん合わない人もあえてフォローできるが）ツイッターは「心地よい空間」を作り出すことが可能だ。そして、RT（リツイート＝引用）や＠（メンション＝相手を指定した上で意見を言う）といったことによる「承認」の表現が多様化しているのだ。それが今現在、多くの人がハマっている理由だと私は思っている。

これに加え、「数の力」という「承認」のパターンがある。サウスパークのキップは、FaceBookの友達数がゼロだった。だからこそまったく承認されず、自分が価値のない人間だと思い、いじけた人生を送っていた。キップにはキップを愛してくれる両親もいる。にもかかわらず、ＦａｃｅＢｏｏｋ上の友達が誰もいないことを彼は「承認されていない」と悩むのである。

津田大介のツイッター術

私がツイッターを開始したとき、ＩＤは「unkotaberuno」で、アイコンは最初からデフォルトの「鳥のイラスト」、登録名は適当に「西田太郎」と名乗っていた。そんな人間が「てめえ!」だの「このバカ!」だのと殺伐としたことばかり書いたところでフォロワーが増えるわけがない。ジャーナリストの津田大介氏によると、ツイッターを楽しむには「とりあえず１００人をまずはフォローしよう」とのことなので、私もそれに従って１１０人ほど一気にフォローした。これは２０７頁のタイムライン①の話である。

すると、さすがにネットやツイッターに慣れている人が多く、儀礼的な「フォロー返し」は少なく、私をフォローした人は15人だった。「フォローされ率」は13・6%である。

せっかく15人獲得したフォロワーだが、私の口調があまりにも乱暴なため、ツイートのたびにフォロワー数は減っていった。このとき、私はちょっとした寂寥《せきりょう》感を覚えていた。

私がフォローしている人は、1000人以上のフォロワーがいる人だらけだったし、「おすすめユーザー」も多かっただけに10万人以上の人も多くいた。彼らは「今日、渋谷のアイリッシュバーで7時から飲みます」などと告知したり、「こんなに多くの人がアイリッシュバーに来てくれた！」と写真付きで報告したりしていた。

彼らは間違いなく「承認」されていた。そして、しきりとツイッターの可能性を他人に説き、ツイッターがいかにすごいかを書いた。ツイッター関連の書籍を出した人は、ツイッター上の好意的な書評コメントに返事をし、「著者から返事が返ってきた。ツイッターってすげー！」と盛り上がっていった。

この段階で私は「ケッ、フォロワーの多い『強者』のことを崇《あが》めてはそいつのファンコミュニティ作っているようなもんじゃねぇか」とやさぐれていた。

状況が変わったのは、2010年5月に創刊されたカルチャー誌『LIBERTINES』創刊号の「ツイッター特集」を作ったときのことだ。

同特集の中で私は、津田大介氏と読者モデルの月本えりさんの対談を編集した。月本さんが津田氏にツイッターの使い方を聞き、津田氏指導のもとツイッターをはじめるという展開だったのだが、その中で彼女が「やっぱり女の子はプライバシーを破られるのが怖いんじゃないかと思うんですよ」という質問をした。

これに対して津田氏は「段階的にやればいいんじゃないですか。まずはニックネームで登録し、それからアイコンをオリジナルに変え、もっと慣れてきたら今度は実名にする、といった感じで」と解決案を提示した。

その日の晩、私は自分の名前を「西田太郎」から「中川淳一郎」に変更した。すると、多少は私もメディアに出て著書を書いている人間のため、たまたま知っている人がいたのだろう。フォロワーが数十人増えたのである！　ここで「承認」された気持ちが少しだけ出て、ツイート内容も少し穏やかなものになった。

さらに、私の名前変更を知った津田氏が、私のIDをツイッター上で紹介してくれたのである。すると、とたんに数百人もフォロワーが増えた。津田氏は当時5万人ほどのフォロワーがおり、「津田さんが紹介している人だから面白い人に違いない」と考えた人が続出したのだろう。その後、津田氏と「ツイッターはバカと暇人のものか？」というユーストト中継のイベントに出演したのだが、このときも「中川淳一郎さん@unkotaberunoとイベントやります」と告知してくれたおかげで、また数百人のフォロワーが増えた。

この頃、700人くらいのフォロワーがいたと思うが、私はそのとき「人に役立つことを言わなくちゃプレッシャー」を感じはじめていた。

「ツイッターの本質＝本当に大事な人を大事にせず、どうでもいいゆるい付き合いの人を大事にしなくてはいけないと思わせる、誤解を生み出すツール」などと書くと「同意！」と感想が来たり、誰かが引用をするとそれを続々と別の人が引用し、私の発言を広めてくれるのである。そうすると今度は「この前の発言よりももっと多くの人に引用してもらいたい」と考えるようになる。

さらに承認欲求が強くなっていった私は、過去に津田氏が「ツイッター十傑」（津田氏にとって面白い発言をするツイッターユーザー10人）を発表していたのを思い出し、私も勝手に7人を選び、ツイッターで「これがオレのツイッター七福神」と紹介した。するとその中の二人が反応してくれ、あっという間にオフ会（ネット上の知り合いが実際に会うこと）をすることになった。

参加表明をしたのは二人だったため、話が続かないことを恐れた私は、同僚と、ある検索エンジン会社の女性社員もオフ会に来てもらった。

東京・赤坂のモツ焼き屋の奥の個室を予約して、緊張しながら皆を待った。すると、「あ、

○○です」とツイッターのIDを口にしながら続々と男たちがやってきたのである！　結局「七福神」のうち5人がオフ会にやってきて、4時間にわたって延々とネットの話、下品な話をした。

「七福神」の称号をつけている時点で、彼らのこれまでの発言内容にはすでに共感はしていたが、まさかここまで話が合うとも思っていなかった。検索エンジン会社の女性も後日メールを送ってきて、「こんなに楽しいとは思いませんでした。次も誘ってください」と書いてきた。このオフ会も「承認」の例であろう。

その後も私はツイッター上で問題発言をしたり、フォロワーの多い人から紹介してもらえることで、結局フォロワーが2300人ほどになった。そうなると、ますます「承認」されることが多くなり、嬉しいものの、どこか違和感を覚えるようになっていった。

ゆるい承認関係が一番の醍醐味

フォロワー数と「承認」される回数が完全に比例することが肌感覚で分かってくると、前々から私が述べていた持論——ネットは強者をより強くする——を感じることとなるのだ。

ただし、ここでは「数」の話をしたからこのような結論になったが、「質」に目を向ければ、まだ希望はある。前出「ツイッター七福神」のオフ会に来た一人がしみじみと言ったことがそれだ。

「いやぁ、中川さん、オレ、あのとき『大丈夫か？　勝手に心配してるぞ！』と言われて超嬉しかったんですよ！」と彼（Nさん）は言った。

これは何かというと、お互いにフォロワー数がまだ30人程度しかいなかった頃、私は彼の発言が妙にいつも気になっていた。ツイッターやiPhoneをことさらホメる風潮に疑問を呈し、広告代理店の気の利かないプランナーへの怒りをあらわにする。「あなたは私ですか？」と言いたくなるほど考え方が似ていたのだ。

だが、彼はそうしたことをツイッターで書く一方、離婚が成立したことも書いていた。かつては愛したであろう妻との間にはもはや憎悪しかなく、さらには妻に新しい男ができたことなど、厳しい話がところどころに散りばめられていたのである。

そんな彼のツイッターの更新が、突然ぱたりと止まってしまった。毎日彼のIDをチェックするものの、最後に見た書き込みが毎回表示されるだけである。しかも、彼の自己紹介のところには「うつ病」と書かれてある。私は彼が自殺したのではと心配になり、余計なお世話だとは思いつつも、「おい、大丈夫か！　勝手に心配してるぞ！」と呼びかけた。するとと間を空けずに「ありがとう。こんなやつでも心配してくれる人がいてくれて嬉しい。大丈夫です」との返事が来た。

Nさんがオフ会のときに「嬉しかった」と言ったのはこのことだ。ここにはお互いの「承認」があった。この穏やかでゆるい承認こそ、ネットに求めるべきレベルの承認ではないだろうか。

Nさんと私の関係は、そのときの私からすると「なんだか考えの合うヤツがいるな」というもので、彼からすると私は「なんかこいつ、オレを注目しているけどどうしたんだろう」というところからはじまった。それが途中から心配をするようになり、心配をされた側も素直に「ありがとう」と言う。

Nさんとは二度会ったし名刺交換もしているため、今ではこのレベルを超えたが、実際に会うことのない人とは「自分のことを少しでも面白いと思ってくれる人がいる」「自分のことを心配してくれる人がいる」という程度の穏やかでゆるい承認が良い。それこそが、ネットでの幸せなコミュニケーションにおいて必要な期待値であると考える。

企業から個人単位まで、ネットをとりまく現状を書いてきた。ここで本書は終わるが、肝に銘じておきたいのはこれだ。

ネットで儲ける人と損する人には法則がある。

ネットの原理――「クリックしてもらわなくては意味がない」――を理解する人は儲けることが可能だ。そのためには「ネット文脈の理解」と「PR活動のセンス」が企業にも個人にも必要である。あとは過度な期待をやめ、面白い娯楽であり最高に便利なツールと捉えることによって、生活がより快適になる。これが分からない人はただムダ金と時間をつぎ込むだけで損をする。

ネットに関して論じる場合、ネット黎明期以降の約15年間、「ネットVSリアル」などとかく対立軸で捉えられがちだった。ネット推進派は旧来メディアを敵視し、旧来メディアはネットの勢力拡大をなんとか阻止しようとしてきた。

だが、ネットをたんなる「メディア」と捉えるのはもうやめないか。リアルと対立するものと扱い、比較するのもやめないか。私たちの人生は一つである。リアルもネットも両方とも私たちの「人生の一部」だ。私たちはその両方を手に入れ、本来もっと幸せになり、儲けられるはずだったのに、対立したりネットに振り回されることによって損をしてきた。

これではあまりにもったいない。

せっかく両方に恵まれた世に生きている私たちは、幸運な時代に生まれたと考えるべきである。

ただし、使い方は適切に。儲かる法則に従って使っていきましょう。

中川淳一郎（なかがわ・じゅんいちろう）
一九七三年東京都立川市生まれ。編集者・PRプランナー。一橋大学商学部卒業後、博報堂CC局（コーポレートコミュニケーション局）で企業のPR業務を請け負う。二〇〇一年に退社後、雑誌のライターになり、フリーランスとして雑誌「テレビブロス」の編集者になる。二〇〇六年八月からネットニュースの編集者としてネット漬け生活を送る。そうこうしている内に複数ニュースサイトの編集を行うようになり、企業のネットプロモーションの企画も行うようになる。著書に『ウェブはバカと暇人のもの』（光文社新書）『凡人のための仕事プレイ事始め』（文藝春秋）など。

ベスト新書
299

ウェブで儲《もう》ける人《ひと》と損《そん》する人《ひと》の法則《ほうそく》

二〇一〇年十一月七日　初版第一刷発行

著者◎中川淳一郎

発行者◎栗原幹夫
発行所◎KKベストセラーズ
東京都豊島区南大塚二丁目二九番七号　〒170-8457
電話　03-5976-9121(代表)　振替　00180-6-103083
装幀◎坂川事務所
印刷所◎錦明印刷
製本所◎ナショナル製本
ＤＴＰ◎天龍社

ISBN978-4-584-12299-0 C0230